电网企业安全生产风险预控体系关键要素评价标准

CHINA SOUTHERN POWER GRID

中国南方电网有限责任公司超高压输电公司 组编

中国标准出版社

北 京

图书在版编目（CIP）数据

电网企业安全生产风险预控体系关键要素评价标准 / 中国南方电网有限责任公司超高压输电公司组编 . —北京：中国标准出版社，2020.5

ISBN 978-7-5066-9575-6

Ⅰ.①电… Ⅱ.①中… Ⅲ.①电力工业—安全生产—风险管理—评价标准 Ⅳ.① TM63-65

中国版本图书馆 CIP 数据核字（2020）第 046853 号

中国标准出版社出版发行
北京市朝阳区和平里西街甲 2 号（100029）
北京市西城区三里河北街 16 号（100045）
网址：www. spc. net. cn
总编室：（010）68533533 发行中心：（010）51780238
读者服务部：（010）68523946
中国标准出版社秦皇岛印刷厂印刷
各地新华书店经销
*
开本 787×1092 1/16 印张 14 字数 338 千字
2020 年 5 月第 1 版 2020 年 5 月第 1 次印刷
*
定价：68.00 元

编委会

编写组

序

在当今构建和谐社会、倡导科学发展的大背景下，安全问题受到国家和公众前所未有的重视。习近平总书记在《科学发展首先要安全发展》中指出："科学发展首先要安全发展，'以人为本'首先要以人的生命为本，安全发展就是尊重生命、关爱生命。"安全发展作为一个重要理念已经被纳入我国社会主义现代化建设的总体战略中。电力行业是服务全社会的基础性行业，其安全稳定不仅事关企业自身发展，更关系着国家经济发展和社会和谐稳定。同时，电力行业属于高风险行业，在电力建设、生产作业和设备运行过程中存在人身触电、高空坠落、物体打击、中毒、中暑、电网大面积停电、设备损坏爆炸等众多风险，这些风险很可能导致人身、电网、设备、环境和社会影响事故 / 事件的发生，因此，需要电网企业重点加强防控。

安全生产风险预控管理是通过识别生产经营活动中存在的危害因素，并运用定性或定量的统计分析方法确定风险的严重程度，进而确定风险控制的优先顺序和风险控制措施，对改善生产环境、减少和杜绝安全生产事故具有重大意义。近年来，国家大力推进安全生产领域改革，引导企业引进和应用国际先进安全管理模式，使安全生产事故率不断降低。国家能源局出台的《关于加强电力企业安全风险预控体系建设的指导意见》中明确提出，电网企业应以安全风险预控体系建设为抓手，建立基于风险、系统化、规范化与持续改进的安全风险管理模式。近年来，各电网企业积极推动安全风险预控体系在本单位有效落地，但由于每个企业的业务特点、管理模式和资源投入等方面存在较大差异，致使风险预控能力和水平参差不齐。因此，电网企业亟需一套充分体现电力安全生产特性和规律，并能够指导各级员工结合实际生产业务开展安全风险预控体系建设和评价的指导性文件。

中国南方电网有限责任公司（以下简称"南方电网"）超高压输电公司历经十多年的积极探索和实践，全面深入推进安全生产风险管理体系建设与应用，逐步健全完善体系运作机制，并将其融入企业制度标准和业务流程，形成了常态化的风险管控模式，实现了风险预控管理与各业务的深度融合。本书立足自身管理实践，围绕电网企业安全风险预控体系建设，结合电力安全生产传统有效的管理方法和手段，以风险评估与控制为主线，全链条式地规范电网风险、设备风险、作业风险、环境风险、职业健康风险、网络安全风险、消防风险、交通风险、社会影响风险等9类电网企业核心风险管控，力求为电网企业风险预控体系提供客观、科学的建设和评价标准。在设备风险管控中，遵循设备全生命周期管理理念，系统建立从规划设计、物资采购、工程建设、运行维护到退役报废全过程的业务联控风险工作机制，着重强调协同联动、共同防范设备前端管理过程的问题和风险，并强化“短中长”“四及时”缺陷隐患处理机制运转，提升电网和设备的本质安全水平。在作业风险管控中，着重规范事前危害辨识与风险评估、事中严格落实管控措施、事后及时总结与改进，力求全面规范工作组织、作业方法和员工行为。

本书的出版将有助于强化各级员工系统防控风险的意识，引导各业务部门加强横向协同、联控风险，稳步提升电网企业风险控制水平，达到预防电力安全事故发生的目的。希望本书能为电网企业安全风险预控体系建设提供借鉴和参考，并为电网企业保障人身、电网、设备安全发挥积极的作用。

中国南方电网有限责任公司超高压输电公司

2020年5月

前　言

安全生产是电网企业的生命线，是电网企业赖以生存和发展的重要保障。我国历来高度重视安全生产工作，特别是党的十八大以来，习近平总书记多次就安全生产工作作出重要指示和批示，强调要牢固树立以人民为中心的思想，正确地处理安全与发展、安全与效益的关系，始终把安全作为头等大事来抓。习近平总书记强调，发展不能以牺牲人的生命为代价，这是一条红线，以牺牲安全为代价的发展决不是科学的发展，更不是高质量的发展。要坚决克服麻痹思想和侥幸心理，绷紧防范安全风险这根弦，加强隐患排查和整改力度，完善安全防控体系，加强源头治理，不断提升安全管理水平。习近平总书记的系列重要讲话，进一步强调了建立风险预控体系的重要性，对安全生产风险预控工作提出了更明确、更具体和更严格的要求。

安全是永恒的主题，安全是所有工作之首。近年来，中共中央、国务院发布了《中共中央 国务院关于推进安全生产领域改革发展的意见》，国家能源局发布了《关于加强电力企业安全风险预控体系建设的指导意见》，明确了电网企业改革发展和建立安全预防控制体系的工作要求。现代安全管理理论和实践表明，建立良好的风险预控体系是保障安全生产平稳有序的有效机制，对消除安全隐患、遏制事故 / 事件发生具有重要意义。电力行业作为关系国家经济发展和社会稳定的重要行业，必须持续完善安全防控体系，将风险管控关口前移，不断提升本质安全水平，为国家经济发展和人民生活水平提升提供坚实保障。

为贯彻落实国家和习近平总书记有关安全风险预控工作要求，推动电网企业风险预控水平提升，本书编撰委员会和编写组以习近平总书记关于安全生产重要论述和指示精神为指引，根据电力行业工作特性，系统梳理了电网企业存在的 9 类风险（电网风险、作业风险、设备风险、环境风险、职业健康风险、网络安全风险、消防风险、交通风险、社会影响风险），基于“风险辨识、风险评估、风险控制、风险监测、风险回顾”的风险管控模式，厘清各类风险管控脉络，并根据国家相关法律法规、行业标准及南方电网《安全生产风险管理体系》的要求，明确上述 9 类电网企业安全生产风险管理内容，推动建立“自我约束、自我评价、自我改进”的风险预控机制，并同步规范文件体系管理、安全文化建设和持续改进管理的配套标准，引导电网企业各级人员深入聚焦安全生产核心业务，加强体系化、规范化管理，建立全方位、全过程、全天候的风险识别、控制和管理，力求实现设备无缺陷、管理无漏洞、运行无障碍、人员无疏忽，达到“人-机-环”的和谐统一，预防事故/事件的发生，从而实现本质安全目标。

本书对电网企业系统推进安全生产风险预控体系建设和规范业务管理具有一定的指导和帮助，对其他行业也有一定的借鉴作用，并可作为电网企业衡量自身安全生产风险预控体系运转质量的查评标准。

本书在编写过程中，得到了南方电网系统运行部、安全监管部的大力支持和帮助，相关专家多次提出宝贵的意见。本书引用了南方电网的电网风险量化评估技术规范和安全文化评价管理业务指导书，并结合自身设备管理经验研究编制了设备风险量化评估标准。

由于水平有限，错误在所难免，真诚希望读者批评指正。希望书中内容对后续规范电网安全生产风险预控体系建设有所启迪。

编　者

2020 年 5 月

使用说明

本标准依据国家、行业所颁布的有关法律法规、规程规定，以及南方电网颁布的有关规章制度制定，包括文件体系、电网风险管控、作业风险管控、设备风险管控、环境风险管控、职业健康风险管控、网络安全风险管控、消防风险管控、交通风险管控、社会影响风险管控、持续改进、安全文化建设等 12 个评价要素，明确了每个要素的主要管理内容，并按要素的风险管控脉络制定了各管理节点的评价标准。本标准适用于指导电网企业对安全风险预控体系运转质量开展系统评价和管理提升工作。

1. 评价标准的结构

本标准每个要素主要包含目的、名词解释、主要管理内容、风险管控流程、评价标准 5 个方面内容，其中，目的指明要素的管理目标，名词解释对要素评价过程中涉及的专有名词进行说明，主要管理内容明确要素的管理要点，风险管控流程通过流程图的方式展现要素的风险管控脉络，评价标准对要素风险管控脉络各节点制定明确的管理标准。

2. 评价标准的特点

本标准聚焦电网企业风险预控关键要素，以“风险辨识、风险评估、风险控制、风险监测、风险回顾”为主线，明确各要素的管理评价标准，对电网企业风险预控水平的评价工作具有较强的指导性和可操作性。主要有 3 方面特点：一是理顺了各要素风险管控脉络，有助于安全生产管理人员全面掌握电网企业各类风险的管控方法和要求；二是承接国家法律法规和制度标准，制定了电网企业各管理节点具体的评价标准和查评方法，便于评价人员和建设人员对照执行；三是对应关键流程编制具体实践案例，形象阐述了各要素关键管理流程的具体做法，可供各电网企业管理人员在安全生产工作中结合自身实际吸收应用。

3. 评价原则和方法

（1）基于管理目的对企业进行评价。本标准的各评价要素主要基于管理目的，对要素的运转过程和效果进行客观评价。

（2）以闭环管理流程为评价思路。评价人员遵循 SECP［S（scheme—策划），E（execution—执行），C（consistency——致性），P（performance—绩效）］闭环管理原则，通过文件查阅、现场验证、问题追溯、访谈询问等方式对管控流程各管理节点进行查证，对照查评标准进行扣分。

4. 分数分配和计分方法

本标准 12 个评价要素总分 1000 分。各评价要素分数分配如下：文件体系 150 分；电网风险管控 100 分；作业风险管控 120 分；设备风险管控 100 分；环境风险管控 60 分；职业健康风险管控 80 分；网络安全风险管控 40 分；消防风险管控 70 分；交通风险管控 70 分；社会影响风险管控 60 分；持续改进 80 分；安全文化建设 70 分。

总分扣减各评价要素的扣分值即为评价得分，评价得分与总分之比为评价得分率。

5. 绩效认可

绩效认可分级：

一级：评价得分率≥ 95%；

二级：80% ≤评价得分率＜ 95%；

三级：65% ≤评价得分率＜ 80%；

四级：55% ≤评价得分率＜ 65%；

五级：评价得分率＜ 55%。

目　　录

第一章　电网风险管控…… 1
第二章　设备风险管控…… 18
第三章　作业风险管控…… 58
第四章　环境风险管控…… 92
第五章　消防风险管控…… 108
第六章　交通风险管控…… 119
第七章　职业健康风险管控…… 138
第八章　网络安全风险管控…… 182
第九章　社会影响风险管控…… 188
第十章　文件体系…… 192
第十一章　安全文化…… 196
第十二章　持续改进…… 207
参考文献…… 212

第一章　电网风险管控

1. 目的

以超前预防、根源控制为主要目标，应用设备全生命周期管理理念，以电网和设备风险辨识与评估为核心，实施有效的风险防控策略与措施，系统解决各类设备问题，提升电网和设备的本质安全水平。

2. 名词解释

电网风险：电网运行安全的不确定性，即可能影响电网运行安全的因素、事件或状态发生的可能性及危害的组合。

3. 主要管理内容

（1）电网风险评估，主要从内部因素和外部因素进行识别，并基于现有的电网运行环境进行分析并制定风险防范措施。

（2）根据风险评估结果，编制电网风险概述或风险分析报告，提出电网风险管控措施，并有效运用到电网规划、新设备投运、系统运行管理、设备风险管控、作业风险管控等各环节。

（3）运用风险“辨识、评估、控制、监测、回顾”5个环节，实施系统运行全过程风险控制和监测，确保电网安全可靠运行。

4. 电网风险管控流程（图 1-1）

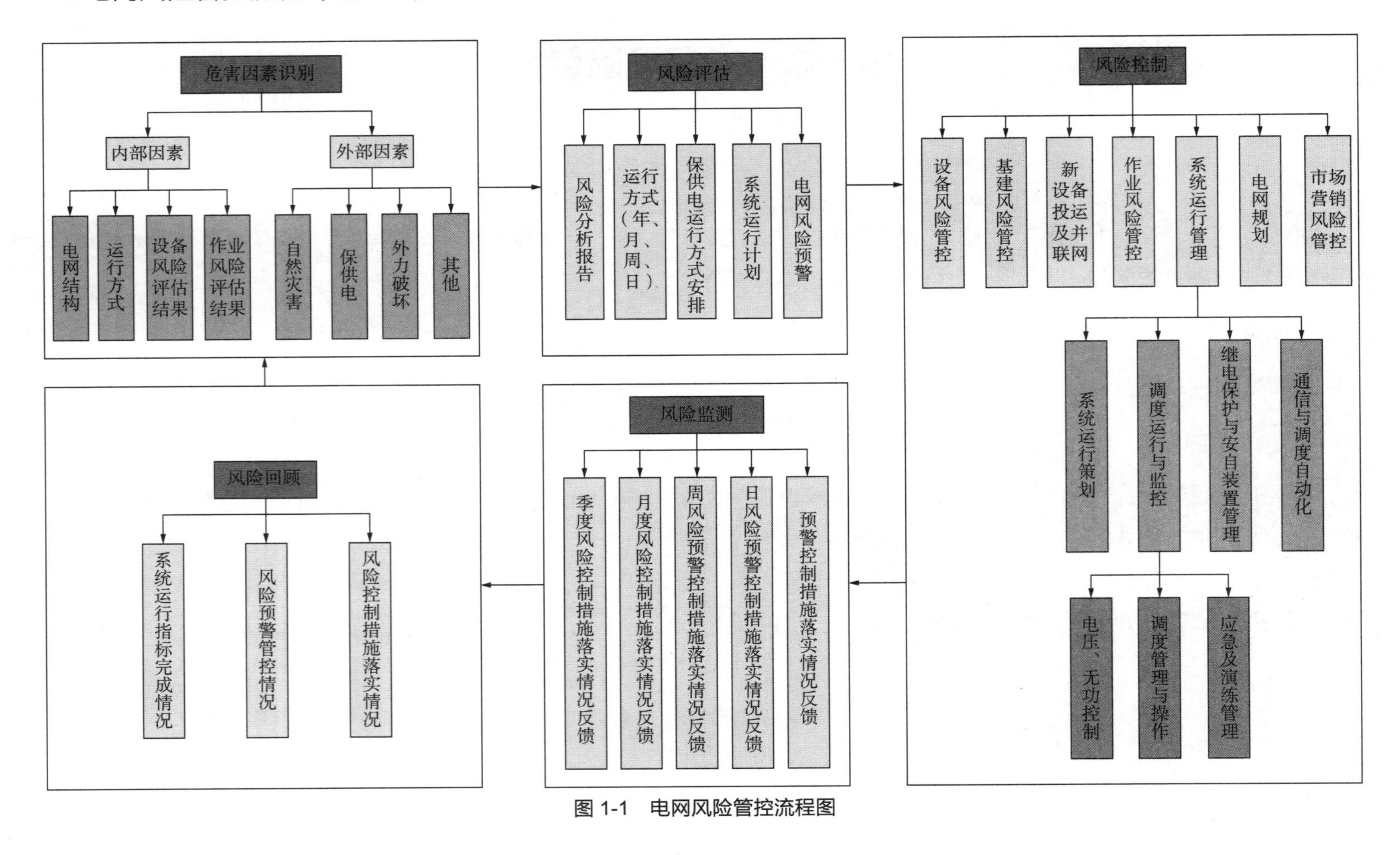

图 1-1　电网风险管控流程图

5. 电网风险管控评价标准（表 1-1）

表 1-1　电网风险管控评价标准

序号	评价流程	评价标准	标准分值	查评方法
1	电网风险管理标准	（1）企业应结合自身实际制定电网风险评估管理标准，至少应包括风险辨识、风险评估、风险控制、风险监测和风险回顾等管理内容。 （2）电网风险评估管理标准职责应明确，工作内容应与实际情况相符，标准编制应体现“5W1H”	10	（1）企业未结合实际制定电网风险评估管理标准，扣 5 分。 （2）电网风险评估管理标准职责不明确、工作内容与实际情况不相符、标准编制未体现“5W1H”，发现一项扣 2 分
2	电网风险危害辨识	（1）企业应每年组织开展电网危害识别，辨识时重点关注以下内容： 1）内部因素：系统规划设计的标准是否满足要求；电网结构和电源分布的合理性；负荷分布及负荷特性的影响；无功补偿与无功平衡的影响；设备选型、配置标准及健康水平的影响；继电保护与安全自动装置的配置及运行状况的影响、运行方式的影响；系统试验、设备检修、工程施工及新设备启动等工作的影响；人员行为和技术素质的影响；电厂及重要用户的影响等； 2）外部因素：地域特性影响；自然灾害和恶劣气候影响（雷雨、冰雹、地震、山火等）；保供电运行方式影响；外力破坏影响（施工跨越、建筑施工等）；其他影响（污秽）。 （2）企业应辨识一般及以上大面积停电事件，包括可能导致《电力安全事故应急处置和调查处理条例》（国务院令第 599 号）规定的特别重大、重大、较大和一般电力安全事故	5	（1）企业未开展电网危害辨识，扣 5 分；危害因素辨识不全面，发现一项扣 1 分。 （2）未辨识大面积停电事件，发现一项扣 2 分

表 1-1（续）

序号	评价流程	评价标准	标准分值	查评方法
3	电网风险评估	（1）企业每年应根据电网风险辨识情况，开展电网风险评估，并根据评估结果编制企业年度电网风险分析报告。 （2）企业应根据电网风险评估结果合理安排年度、月度、周、日运行方式。 （3）保供电期间，企业应结合电网风险评估结果合理安排保供电期间的电网运行方式。 （4）企业应根据电网风险评估结果，合理安排系统运行计划。 （5）企业应针对新问题、新变化、新措施等带来新的风险进行评估，并制定风险控制措施。 （6）企业应根据电网风险评估结果，及时发布安全风险预警并组织落实防控措施	10	（1）企业未每年组织开展电网风险评估，扣 5 分；未编制企业年度电网风险分析报告，扣 5 分。 （2）企业未根据风险评估结果安排年度、月度、周、日运行方式，每项扣 2 分。 （3）保供电期间，企业未根据电网风险评估结果安排运行方式，每次扣 2 分。 （4）企业未根据风险评估结果安排系统运行计划，每次扣 2 分。 （5）企业未针对新问题、新变化、新措施等带来的新风险进行评估并制定控制措施，扣 2 分。 （6）企业未根据电网风险评估结果，及时发布电网风险预警，每次扣 2 分
4	电网风险控制	（1）企业应将电网风险评估结果应用到设备风险管控中，评价标准应按照设备风险管控评价标准执行。 （2）企业选择风险预控方法时，应遵循消除、终止、替代、转移、工程（改造、修理等）、隔离、行政管理、个人防护等顺序进行。 （3）企业应根据年度运行方式分析中提出的重大问题和措施建议，组织制定专项方案和相关措施，并纳入企业电网规划、建设、技改等年度工作计划，落实责任部门、项目实施、资金来源和完成时间	5	（1）企业未将电网风险评估结果应用到设备风险管控环节，每项扣 1 分。 （2）企业选择风险预控方法不合理，每项扣 1 分。 （3）未根据年度运行方式分析中提出的重大问题和措施建议制定落实专项方案和相关措施，每项扣 1 分
5	电网风险控制（前端管理）	企业应将电网风险评估结果应用到基建工程建设前端管理环节，评价标准应按照设备前端管理环节评价标准执行	5	企业未将电网风险评估结果应用到设备前端管理环节，每项扣 1 分
6	电网风险控制（作业管控）	企业应将电网风险评估结果应用到作业风险管控中，评价标准应按照作业风险管控评价标准执行	5	企业未将电网风险评估结果应用到作业风险管控环节，每项扣 1 分

表 1-1（续）

序号	评价流程	评价标准	标准分值	查评方法
7	电网风险控制（新设备投运及并联网管理）	（1）企业应根据新设备投运及并联网可能对电网造成的风险，编制新设备启动调试方案。 （2）企业调度机构应在规定时间内完成启动方案审核。 （3）新设备启动方案中应包含主要启动操作步骤及启动需要的运行方式安排和一次、二次设备状态，启动过程电网风险及控制措施等内容应完备。 （4）企业应根据新设备启动调试方案开展新设备启动调试。 （5）企业新设备启动调试结束后，应经设备启动委员会（以下简称启委会）及系统运行部门同意后，转入试运行。对于机组、直流工程、新技术设备等，启委会启动试运指挥组向调度机构申请进入试运行，调度机构各专业进行试运行条件审核，然后向启委会报送审核结果通知书。 （6）企业设备连续带电试运行达到规定时间后，系统运行部门应审核确定系统具备安排新设备投入正式运行条件，将审核意见提交启委会，启委会根据各方意见批准设备进入正式运行。 （7）企业新投运设备的二次回路（含一次设备机构内部回路）中，交流、直流回路不应合用同一根电缆，强电和弱电回路不应合用同一根电缆。 （8）企业 10kV（20kV、35kV）配网不接地系统或经消弧线圈接地系统应配备小电流接地选线设备	15	（1）企业未编制新设备启动调试方案，每次扣 2 分；新设备启动调试方案未根据电网风险编制，每次扣 1 分。 （2）企业调度机构未在规定时间内完成启动方案审核，每次扣 5 分。 （3）企业启动方案中未包含主要启动操作步骤及启动需要的运行方式安排和一次、二次设备状态，启动过程电网风险及控制措施等内容不正确，每项扣 2 分。 （4）企业未根据新设备启动调试方案开展调试，每次扣 5 分。 （5）企业设备启动调试结束后，未按要求执行，每项扣 2 分。 （6）企业新设备连续带电试运行达到规定时间后，未按要求执行，每次扣 5 分。 （7）企业新投运设备的二次回路（含一次设备机构内部回路）中，交直流回路、强电和弱电回路同一根电缆的，每项扣 2 分。 （8）企业 10kV（20kV、35kV）配网不接地系统或经消弧线圈接地系统未配备小电流接地选线设备的，每项扣 2 分

表 1-1（续）

序号	评价流程	评价标准	标准分值	查评方法
8	电网风险控制（系统运行）	（1）系统运行策划：企业应根据电网风险评估结果，编制年度检修计划和月度检修计划，合理安排非计划检修，及时调整、优化电网运行方式。 （2）调度运行与监控如下： 1）企业应建立系统电压、无功控制管理标准和措施，运行中电压偏移应及时调整，不应超过规定标准。 2）企业应明确各级调度权限及范围，调度员下达操作命令应符合要求，录音设备良好，管理严格。 3）企业应有保证安全、避免大面积停电的临时措施。应具有完善的电网大面积停电事故应急预案、电网黑启动预案、应急机制和反事故措施，并定期开展各种应急预案演练。 4）企业应制定重大活动保电方案和应急预案并实施，及时处置突发事件，确保安全运行。 5）企业应按上级调度下达的网供负荷计划、错峰限电计划、限电序位表，制定网供负荷控制方案，并按上级调度下达的指令执行到位。 （3）继电保护与安自装置管理如下： 1）企业应配置齐全调度规程、继电保护、安自装置管理规程，并提供给属该级调度的对象，调度规程上报有关部门备案。 2）企业的调度设备、远动装置应满足调度自动化要求。接入电网运行的电力二次系统应当符合《电力二次系统安全防护规定》和《电力二次系统安全管理若干规定》等管理要求。 3）企业应根据定值管理制度进行定值整定计算、下发、执行管理；继电保护定值单应包含计算、审核、批准、调度员、值班员、调试员的签字并注明日期；保护整定计算部门、设备维护部门必须保存完整的正式定值单。 （4）通信与调度自动化管理如下： 1）企业应配置与电网运行相适应的电力通信系统，调度至被调主要厂站或有数据传输的厂站，应建立至少两个及以上独立的通信路由或不同通信方式的通道；通信站直流电源可靠，并实现设备和动力环境的监视。 2）通信设备、电路及光缆线路的运行状况良好，电源系统正常；通信站防雷、防静电、防尘措施完善、合理。 3）变电站应配置两台及以上 UPS 电源构成双电源冗余供电系统，每台 UPS 输出额定功率应不小于 1.2 倍全部负载额定功率总和；输入电源中断后蓄电池不间断供电维持时间应不小于 2h	20	（1）企业未根据电网风险制定年、月、日调度计划和检修计划，每项扣 5 分。 （2）企业未建立电压、无功控制管理标准和措施，运行中电压偏移未及时调整，每项扣 2 分。 （3）企业未明确调度范围，扣 10 分；调度员下达操作命令未录音、录用设备损坏，每项扣 2 分。 （4）企业无保证安全、避免大面积停电的临时措施或措施不当，扣 10 分；缺少电网大面积停电事故应急预案、电网黑启动预案、应急机制和反事故措施，每项扣 5 分；未定期开展应急预案演练，每项扣 5 分。 （5）企业未制定重大活动保电方案和应急预案，扣 5 分。 （6）企业未按计划制定网供负荷控制方案，每次扣 5 分；上级调度下达的有序用电指令未执行到位，每次扣 5 分。 （7）企业调度规程或继电保护运行、安自装置运行、检修规程不全，每项扣 2 分。 （8）企业的调度设备、远动装置不满足调度自动化要求及相关规定，每项扣 5 分。 （9）企业未开展定值整定，扣 10 分；定值整定后，未下发执行，扣 5 分；继电保护定值单未实行闭环管理，运行定值单缺少计算、审核、批准、调度员、值班员、调试员的签字并注明日期，每项扣 2 分；整定计算部门、设备维护部门未保存完整的正式定值单，每项扣 2 分。 （10）企业主要厂站或有数据传输的厂站仅有一个独立的通信路由或一种通信方式的厂站，每个厂站扣 2 分；无法保证一种通信方式的，扣 5 分。 （11）企业通信设备、电路、光缆线路、交直流电源的运行状况及环境存在问题，每项扣 2 分。 （12）企业未配置两台及以上 UPS 电源构成双电源冗余供电系统，扣 5 分；每台 UPS 输出额定功率小于 1.2 倍全部负载额定功率总和，扣 2 分；输入电源中断后蓄电池不间断供电维持时间小于 2h，扣 2 分

表 1-1（续）

序号	评价流程	评价标准	标准分值	查评方法
9	电网风险控制（电网规划）	（1）企业应制定本地区电网规划，并对规划进行滚动修订。规划主要内容应符合国家有关要求和国家标准、行业标准等要求，符合地区、城市电力网建设改造的实际及地区、城市发展的需要和要求，规划内容应包括电力一次、二次系统，电源，通信系统等。 （2）应根据经济、技术条件制定本单位《区域（城市）电网规划导则》或《区域（城市）电网规划实施细则》	8	（1）企业电网规划内容不符合国家有关要求和国家标准、行业标准等要求；不符合地区、城市电力网建设改造的实际及地区、城市发展的需要和要求；规划内容不包括电力一次、二次系统，电源，通信系统等，每项扣 2 分。 （2）企业未制定本单位《区域（城市）电网规划导则》或《区域（城市）电网规划实施细则》，扣 5 分
10	电网风险控制（用户管理）	企业应明确重要电力用户的行业范围及用电负荷性质，提出重要电力用户名单，经地方政府有关部门批准后，报能源监管机构备案，每年更新一次	8	（1）企业未建立重要电力用户名单扣 5 分；应建立的重要电力用户未建立，每个用户扣 1 分。 （2）企业重要电力用户名单未经政府有关部门批准并报能源监管机构备案，扣 5 分。 （3）企业未每年更新重要电力用户名单，扣 5 分
11	电网风险监测	（1）企业应定期对电网风险控制措施落实情况进行跟踪，确保各项措施得到有效落实。重点考虑以下方式： 1）季度风险控制措施落实情况反馈； 2）月度风险控制措施落实情况反馈； 3）周风险预警控制措施落实情况反馈； 4）日风险预警控制措施落实情况反馈； 5）预警控制措施落实情况反馈。 （2）电网企业各级电力调度机构应密切跟踪电网风险的发展变化，按“分区、分级、分层”的原则对风险进行监视	5	（1）企业未对季度、月度、周、日风险控制措施及预警控制措施落实情况进行跟踪，每项扣 2 分。 （2）企业各级电力调度机构未按“分区、分级、分层”的原则跟踪电网风险的发展变化，并对风险进行监视，扣 2 分
12	电网风险回顾	企业应每年对电网风险管控情况进行回顾，重点考虑以下内容： 1）系统运行指标完成情况。 2）电网风险预警控制情况。 3）电网风险控制措施落实情况	4	企业未对电网风险管控情况进行回顾，扣 5 分；回顾内容不全面，每项扣 1 分

6. 电网风险评估方法（资料性）

（1）基本方法

1）电网企业应根据实际开展电网风险评估，电网风险评估包括基准风险评估、基于问题的风险评估和持续的风险评估。

①基准风险评估。基准风险评估应根据电网正常方式下存在的网架薄弱、设备容量受限等结构性风险确定。进行风险评估时，评估结果应形成风险概述，为安全生产各环节的风险控制提供依据。在修订电网发展规划、年度运行方式、安全性评价等管理过程中采用风险评估，在编制年度运行方式或迎峰度夏（冬）方案中采用风险综合评估。

②基于问题的风险评估。电网企业各级调度控制中心风险评估应根据电网检修、施工、调试等运行方式变化，输变电设备缺陷或异常运行状况，气候条件、重要用户供电情况等外部因素的变化，对风险引起的计划性、持续性、预见性进行确定。

③持续的风险评估。持续的风险评估应根据调度日计划编制、作业前评估、日常巡查、交接班检查、安全技术交底等方法，不间断识别危害因素及其风险，相关部门应及时采取风险预控措施。

2）风险评估应分析风险的危害（损失）和风险发生的可能性（概率），综合评估风险的大小，确定风险的等级。

3）电网风险值取研究方式下的各种潜在危害与可能性分值之乘积的最大值，即：

电网风险值 = max［（风险危害值）×（风险概率值）］

4）电网风险评估应充分考虑危害可能导致的电网危害后果，以及由设备风险、作业风险、操作风险、信息阻塞风险等问题可能导致的电网危害后果。

5）根据电网风险值大小，电网风险分为 6 级：Ⅰ级风险（红色）、Ⅱ级风险（橙色）、Ⅲ级风险（黄色）、Ⅳ级风险（蓝色）、Ⅴ级风险（白色）、Ⅵ级风险。

Ⅰ级风险（红色）：风险值≥ 1500；

Ⅱ级风险（橙色）：800 ≤风险值< 1500；

Ⅲ级风险（黄色）：120 ≤风险值< 800；

Ⅳ级风险（蓝色）：20 ≤风险值< 120；

Ⅴ级风险（白色）：5 ≤风险值< 20；

Ⅵ级风险：0 ≤风险值< 5。

6）某一区域电网或一项工作同时引发两个及以上等级的电网运行风险时，风险评估结果取其最高等级风险。

7）电网危害辨识。危害辨识应分析查找可能引发电网安全风险的危害因素和危害事件。

①电网危害因素是指影响电力系统安全稳定性和供电可靠性的特定条件，强调在一定时间范围内的积累作用。电网危害因素包括外部因素和内部因素。

②外部因素包括：

· 地域特性影响；

· 自然灾害和恶劣气候影响；

· 污秽（污闪）、山火等影响；

· 外力破坏影响；

· 其他。

③内部因素包括：

· 系统规划、设计的标准是否满足要求；

· 电网结构和电源分布的合理性；

· 负荷分布及负荷特性的影响；

· 无功补偿与无功平衡的影响；

· 设备选型、配置标准及健康水平的影响；

· 继电保护与安全自动装置的配置及运行状况的影响；

· 运行方式的影响；

· 系统试验、设备检修、工程施工及新设备启动等工作的影响；

· 人员行为和技术素质的影响；
· 电厂及重要用户的影响；
· 其他。

④电网危害事件指导致电网危害因素转化为风险后果的突发事件，强调突发性和瞬间作用。

⑤电网危害事件一般考虑《电力系统安全稳定导则》中规定的应防范的电网第一级、第二级电网故障，这些故障包括：
· 任何线路单相瞬时接地故障重合成功；
· 同级电压的双回线或多回线和环网，任一回线单相永久故障重合不成功及无故障三相断开不重合；
· 同级电压的双回线或多回线和环网，任一回线三相故障断开不重合；
· 任一发电机跳闸或失磁；
· 受端系统任一台变压器故障退出运行；
· 任一大负荷突然变化；
· 任一回交流联络线故障或无故障断开不重合；
· 直流输电线路单极故障；
· 单回线单相永性故障重合不成功及无故障三相断开不重合；
· 任一段母线故障；
· 同杆并架双回线的异名两相同时发生单相接地故障重合不成功，双回线三相同时跳开；
· 单回直流输电系统双极故障。

⑥电网危害事件还应考虑防范可能性较大的 N-2 及以上非常规故障，这些故障包括：
· 现场工作可能导致的两个及以上元件同时或相继跳闸；
· 恶劣气候（雷暴、台风、污秽等）和特殊环境（山火影响区域等）下可能发生的两个及以上元件同时或相继跳闸；
· 故障时开关拒动；

· 控制保护、安全稳定控制、通信自动化等二次系统异常导致可能发生的其他非常规故障。

⑦进行电网基准风险评估和基于问题的风险评估时，均应充分考虑《电力系统安全稳定导则》中规定的应防范的电网第一级、第二级电网故障。

⑧ N-2 及以上非常规故障按下述原则予以考虑：

· 评估基准风险时，应充分考虑可能同时发生的 N-2 及以上非常规故障组合。如系统任一点发生短路故障时，有关开关或保护拒动；走廊相近的多回输电线路同时或相继故障跳闸；

· 评估基于问题的风险时，应考虑受已知因素影响导致的发生概率显著增大的 N-2 及以上非常规故障组合。如：对于已暴露家族性缺陷的开关，应考虑开关不正确动作；对于线路走廊附近存在山火、恶劣天气或施工等异常因素，需考虑走廊范围内的多回输电线路的同时或相继跳闸。

（2）风险危害值量化评估

1）风险危害值 =（危害严重程度分值）×（社会影响因数）×（损失负荷或用户性质因数）

2）根据风险可能对电网安全的威胁和负荷损失的程度，危害严重程度按分值分为 9 级。各级危害的分值如表 1-2 所示。

表 1-2　电网风险危害的定级及分值

危害严重程度	对应的事故 / 事件等级	分值
特大事故危害	特别重大事故	4000 ~ 8000
重大事故危害	重大事故	2000 ~ 2400
较大事故危害	较大事故	400 ~ 600
一般事故危害	一般事故	200 ~ 250
一级事件危害	一级事件	100 ~ 150
二级事件危害	二级事件	10 ~ 40

表 1-2（续）

危害严重程度	对应的事故 / 事件等级	分值
三级事件危害	三级事件	1 ~ 5
四级事件危害	四级事件	0
五级事件危害	五级事件	0

3）社会影响因数（表 1-3）。

表 1-3　社会影响因数

检修时间	一般时期	特殊时期保供电	二级保供电	一级保供电	特级保供电
分值	1	1.2	1.4	1.6	2
注：对于基准风险，社会影响因数取 1。					

4）损失负荷或用户性质因数（表 1-4）。

表 1-4　损失负荷或用户性质因数

损失负荷或用户性质	一般负荷	重要城市负荷	特级和一级重要用户
分值	1	1.2 ~ 2.5	1.2 ~ 2.5
注：重要城市包括省会、经济特区、重要旅游城市。			

5）在评估电网故障造成负荷损失时，应考虑故障后安全自动装置的动作造成的负荷损失，但不考虑事故前计划安排错峰和计划用电限供的负荷。

6）在分析电网风险危害时，可采用以下方法：

· 系统现状和电网结构分析（查找薄弱环节）；

· 电力电量平衡分析；

· 系统潮流及无功电压分析；

· 系统静态安全分析；

· 系统暂态稳定性分析；

· 系统动态（小干扰）稳定性分析。

（3）风险概率值量化评估

1）基准风险发生概率值由以下公式计算得出：

风险概率值 =（设备类型因数）×（故障类别因数）×（历史数据统计因数）

2）基于问题的风险发生概率值由以下公式计算得出：

风险概率值 =（设备类型因数）×（故障类别因数）×（历史数据统计因数）×（天气影响因数）×（设备缺陷影响因数）×（检修管理因数）×（检修时间因数）×（现场施工因数）×（控制措施因数）×（操作风险因数）

3）设备类型因数。各类一次、二次设备的类型因数取值参见表 1-5 ~ 表 1-7。

表 1-5　电气一次设备类型因数

设备	站内设备		交流线路			直流线路	发电机
	主变	母线	电缆	架空线	同杆双回线		
分值	0.8	0.4	0.8	1	0.5	1.2	1.2
注：概率分值为便于量化计算的综合分值，并不代表故障发生的可能性。以下同。							

表 1-6　通信设备类型因数

设备	光缆		站内设备							高频通道	其他
	架空	地埋、管道	光传输设备	数据网设备	程控交换设备	PCM 设备	载波设备	通信电源	联络线缆		
分值	0.6	0.6	0.6	0.4	0.4	0.8	0.8	0.4	0.4	0.7	0.2

表 1-7　自动化设备类型因数

设备	辅助系统		主系统							其他
	电源	空调	SCADA 子系统	前置子系统	网络设备	安全设备	基础平台	商用数据库	AGC	
分值	0.9	0.6	0.9	0.9	0.9	0.6	0.9	0.6	0.9	0.5

4）故障类别因数（表 1-8）。一次设备、保护、稳控等元件故障类别因数的分类参照《电力系统安全稳定导则》规定的三级故障分类方法，取值建议见表 1-9。通信、自动化设备的故障类别因数分类方法参见表 1-10、表 1-11。

表 1-8　故障类别因数

类型	第一级故障	第二级故障	第三级故障
分值	0.8 ~ 1.2	0.1 ~ 0.6	0 ~ 0.2

表 1-9　一次、保护、稳控等元件故障类别取值建议

故障类别取值建议	单相故障	两相及以上故障	开关拒动、保护拒动、安自误动、拒动	主变 N-2	母线 N-2
分值	1.0	0.5	0.1	0.1	0.15
注 1：故障类别按《电力系统安全稳定导则》要求选取。 注 2：评估电网基准风险需考虑第一级、第二级和第三级故障。 注 3：评估基于问题的风险应考虑《电力系统安全稳定导则》规定的第一级和第二级故障，以及概率分值不低于 0.1 的非常规故障。					

表 1-10　通信设备故障类别因数

类型	第一类故障	第二类故障	第三类故障	第四类故障
分值	1 ~ 0.8	0.8 ~ 0.6	0.6 ~ 0.2	0 ~ 0.2
注 1：第一级故障：市区地埋光缆因市政施工等外力破坏中断。 注 2：第二类故障：架空光缆、非市区地埋光缆外力破坏中断，高频通道中断或误码超标，光缆电腐蚀中断，光传输设备、载波设备软、硬件故障。 注 3：第三类故障：数据网设备、程控交换设备软 / 硬件故障，站内联络线缆（含线缆管道沟井）故障，通信站电源全断。 注 4：第四类故障：安装工艺。				

表 1-11　自动化设备故障类别因数

类型	自动化单系统单一设备故障	自动化单系统冗余节点双机故障	自动化主备系统冗余设备双机故障
分值	1	0.4	0.2

5）历史统计因数（表 1-12）。历史数据统计因数 = 同类设备每年平均发生故障次数 / 电网企业范围内该类设备年平均故障次数。

表 1-12　电网企业范围内设备年平均故障次数

设备类型	架空输电线路	主变	母线
单位	次 /（百 km·a）	次 /（百台·a）	次 /（百条·a）
电网企业范围内设备年平均故障次数	1.02	0.13	0.03
注：历史数据统计因数，可根据特定设备的每年平均故障次数统计值计算。			

6）天气影响因数。天气影响因素取值可参考表 1-13。

表 1-13　天气影响因数

类型	正常	台风	雷雨大风	森林火险	高温	大雾	结冰
分值	1	1 ~ 4	1 ~ 2	1 ~ 1.5	1 ~ 1.2	1 ~ 1.2	1 ~ 1.5
注 1：本部分依据新版气象灾害预警信号，仅选取其较为严重的黄色、橙色、红色预警等级。 注 2：台风：黄色预警取 1 ~ 2、橙色预警取 2 ~ 3、红色预警取 3 ~ 4。 注 3：雷雨大风：黄色预警取 1 ~ 1.2、橙色预警取 1.2 ~ 1.5、红色预警取 1.5 ~ 2。 注 4：森林火险：橙色预警取 1 ~ 1.2，红色预警取 1 ~ 1.5。 注 5：高温：橙色预警取 1.1，红色预警取 1.2。 注 6：大雾：橙色预警取 1.1，红色预警取 1.2。 注 7：结冰：视天气情况和线路覆冰情况取值。 注 8：天气影响主要针对电气一次设备，对通信和自动化设备的影响可不考虑。							

7）设备缺陷因数。各单位可依据缺陷管理规定或设备状态评价的规定对缺陷进行分类、取值，具体取值可参考表 1-14。

表 1-14　设备缺陷因数

类型	正常状态	设备异常	一般缺陷	紧急缺陷	重大缺陷
分值	1	1.1	1.2	1.3	1.5

8）检修时间因数。检修时间因数取值可参考表 1-15。

表 1-15　检修时间因数

检修时间	1 ~ 2d	3 ~ 7d	8 ~ 30d	30d 以上
分值	0.6	0.7 ~ 1	1 ~ 1.5	1.5 ~ 2
注：风险由检修工作引起时，按照检修时间进行对应取值；无检修情况下，按照风险存在的时间进行对应取值。				

9）现场施工因数。现场施工因数取值可参考表 1-16。

表 1-16　现场施工因数

类型	现场施工对运行设备的影响
分值	1 ~ 2.5
注：考虑大型机械作业等现场施工对运行设备跳闸构成的潜在风险，根据现场情况确定因数取值。	

10）控制措施因数。控制措施因数指安稳装置、低频低压减载装置等可减低电网风险但未能消除的控制措施，其值由专家打分，0 <取值范围≤ 1。减低电网风险发生的作用越大该因数取值越小。具体取值可参考表 1-17。

表 1-17　控制措施因数

类型	无措施	设备特巡	依靠备自投等安自装置
分值	1	0.8	0.1 ~ 0.8

11）操作风险因数。操作风险因数指风险控制过程中涉及的带电设备倒闸操作引发的设备异常或跳闸风险。操作风险因数由操作类型、操作数量确定。具体取值可参考表 1-18。

表 1-18　操作风险因数

操作类型	无倒闸操作	倒母线操作	电磁环网合环	执行临时保护措施操作
分值	1	1.3	1.2	1.1 ~ 1.3
注：同时涉及多项操作的，取全部操作的分值之和作为最终操作风险因数。				

第二章　设备风险管控

1. 目的

深化设备全生命周期管理理念，围绕设备风险评估和控制，加强设备前端管理，实施有效的设备运维策略和管控措施，及时消除和控制各类设备缺陷隐患，从根源上系统解决和预防设备质量问题，提升电网和设备的本质安全水平。

2. 名词解释

设备全生命周期管理：包含规划设计、物资采购、工程建设、运行维护到退役报废等整个设备全生命周期的全过程管理。

3. 主要管理内容

（1）设备全生命周期管理按照脉络分为设备前端管理、设备运维和退役报废 3 个阶段。设备综合管理为设备全生命周期管理提供管理支撑。

（2）设备前端管理包括规划设计、物资采购和工程建设等。通过设备风险的超前管控，从源头管控风险，从本质上提升设备质量，为设备运维阶段奠定坚实的物质基础。

（3）设备运维阶段以设备风险评估为核心，识别设备潜在风险，通过制定并实施有效的设备运维策略和检修策略，持续提高设备的健康水平，应将运维阶段的设备风险评估结果有效应用于设备前端管理。

（4）退役报废阶段主要有效识别退役报废设备，提高设备利用率和经济性。持续开展闲置物资利用和评价，减少闲置物资的产生，提升资产再利用率。

（5）设备综合管理主要有统一设备资产目录、统一项目分类及资产编码、全生命周期成本归集、资产技术标准管理、资产盘点、文件与数据、信息系统等 7 个方面。

4. 设备风险管控流程（图 2-1～图 2-4）

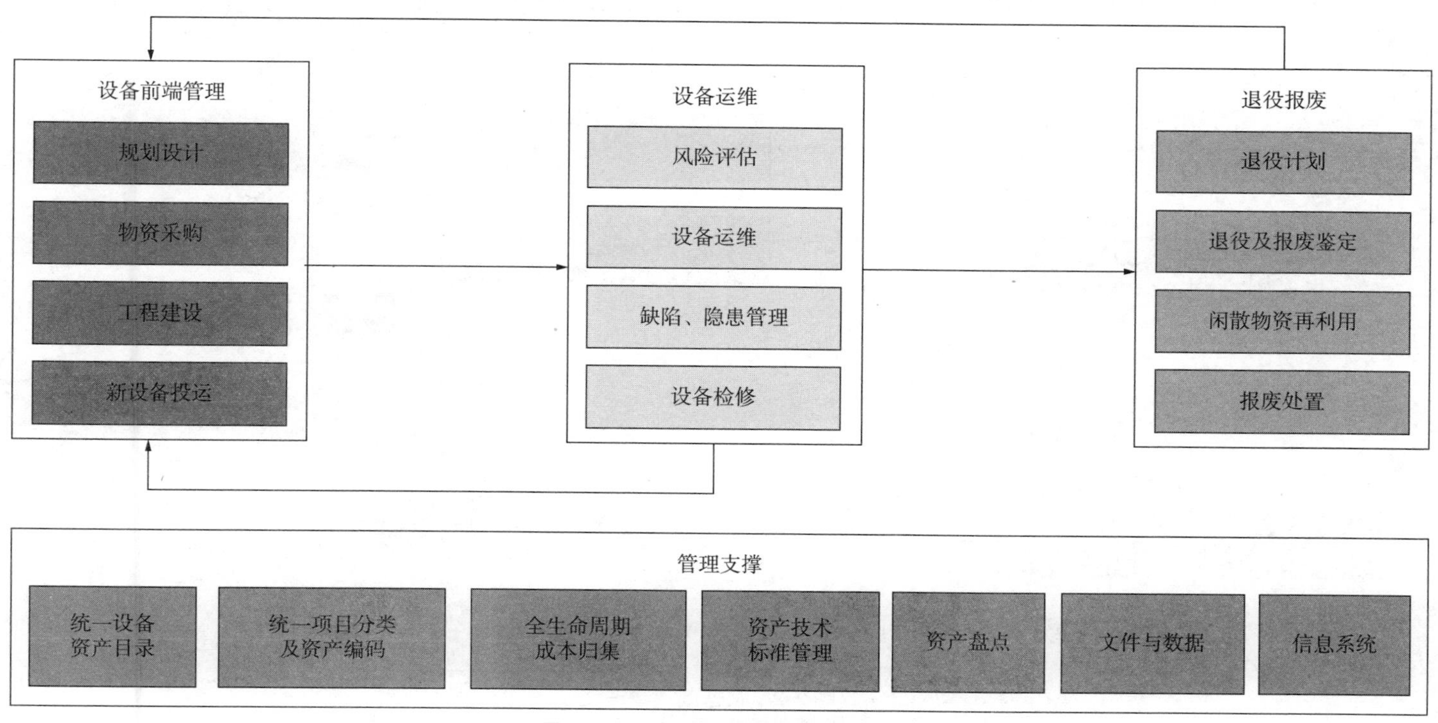

图 2-1　设备全生命周期管理架构

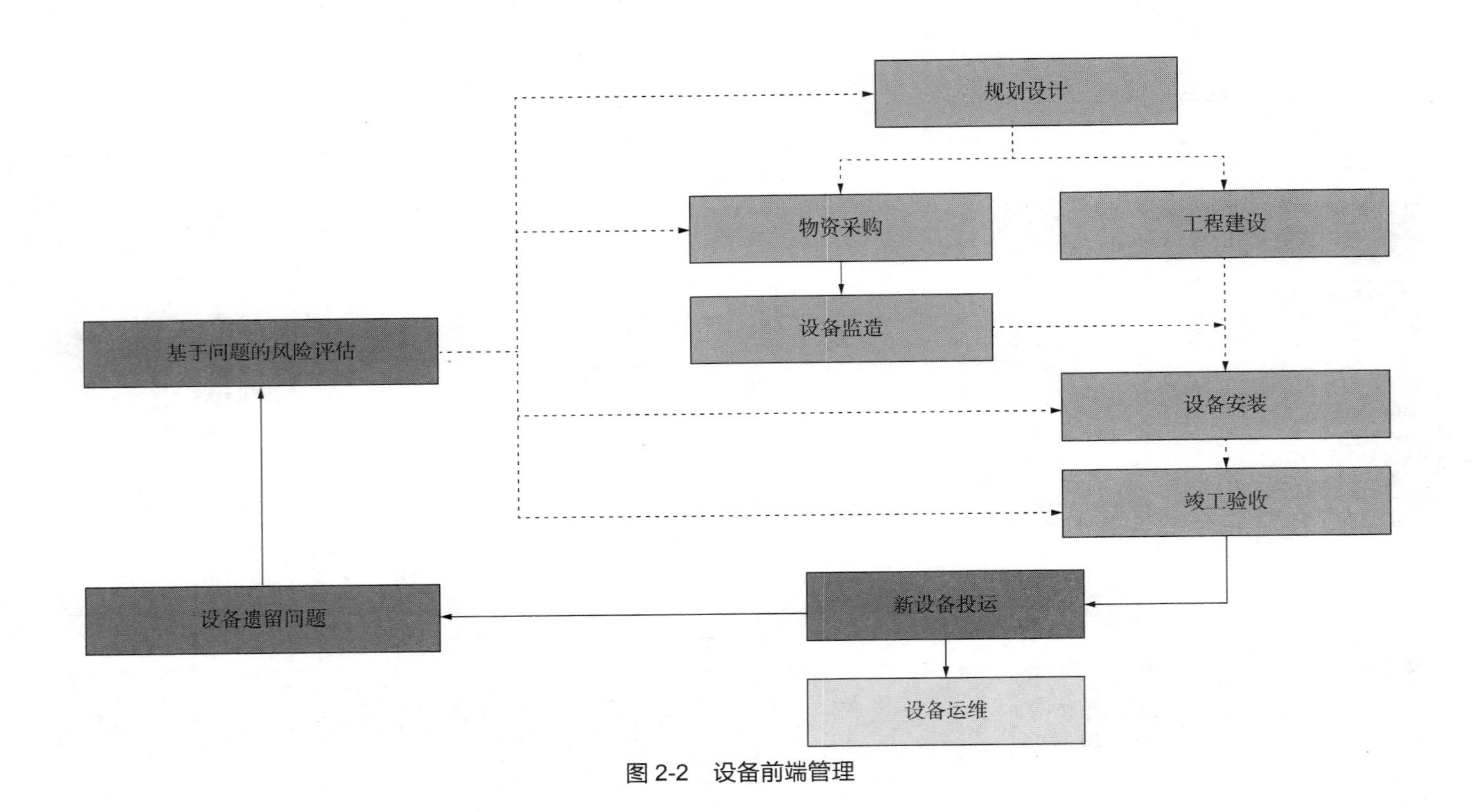

图 2-2　设备前端管理

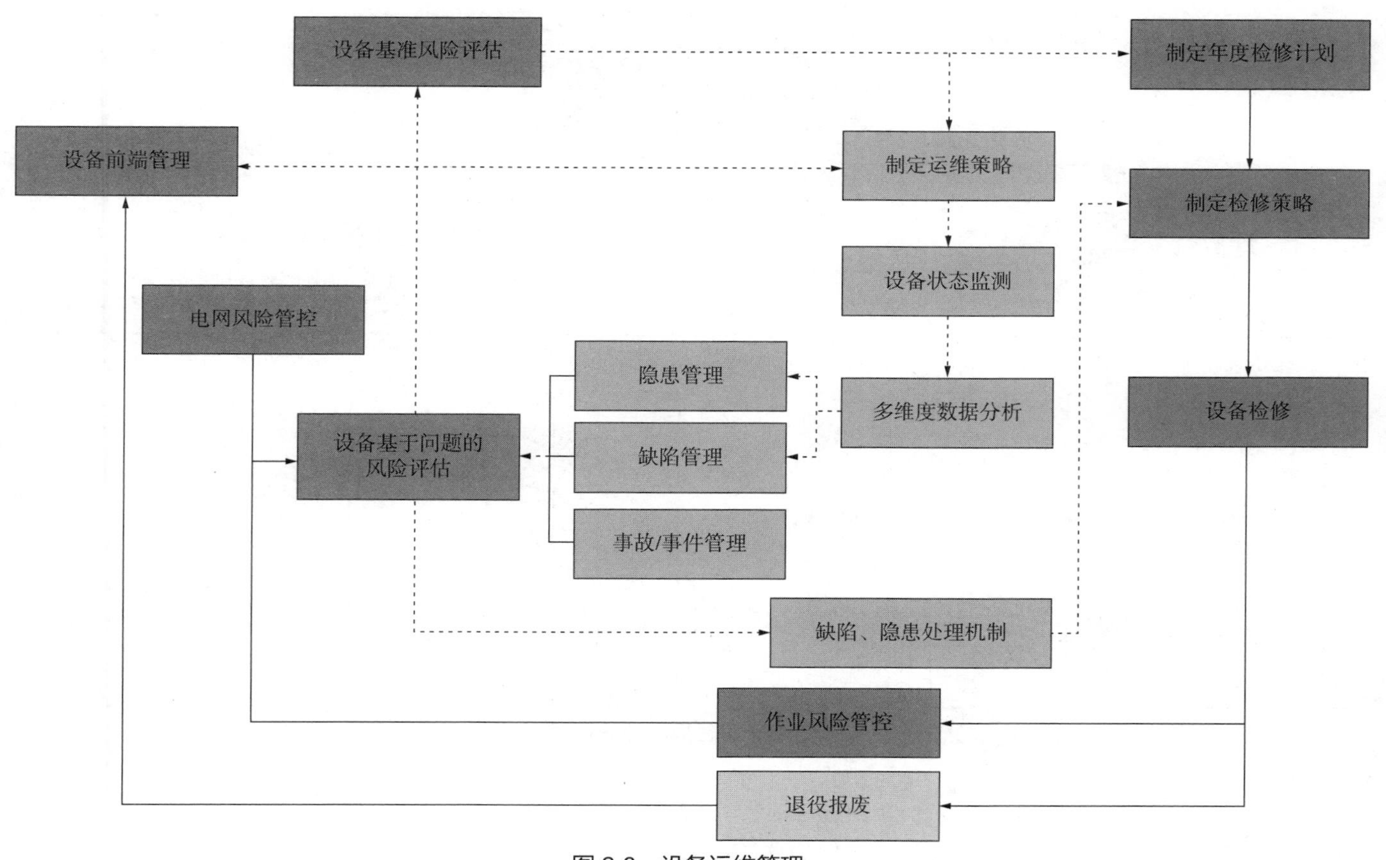
设备基准风险评估
制定年度检修计划
设备前端管理
制定运维策略
制定检修策略
设备状态监测
电网风险管控
隐患管理
多维度数据分析
设备检修
设备基于问题的风险评估
缺陷管理
事故/事件管理
缺陷、隐患处理机制
作业风险管控
退役报废

图 2-3　设备运维管理

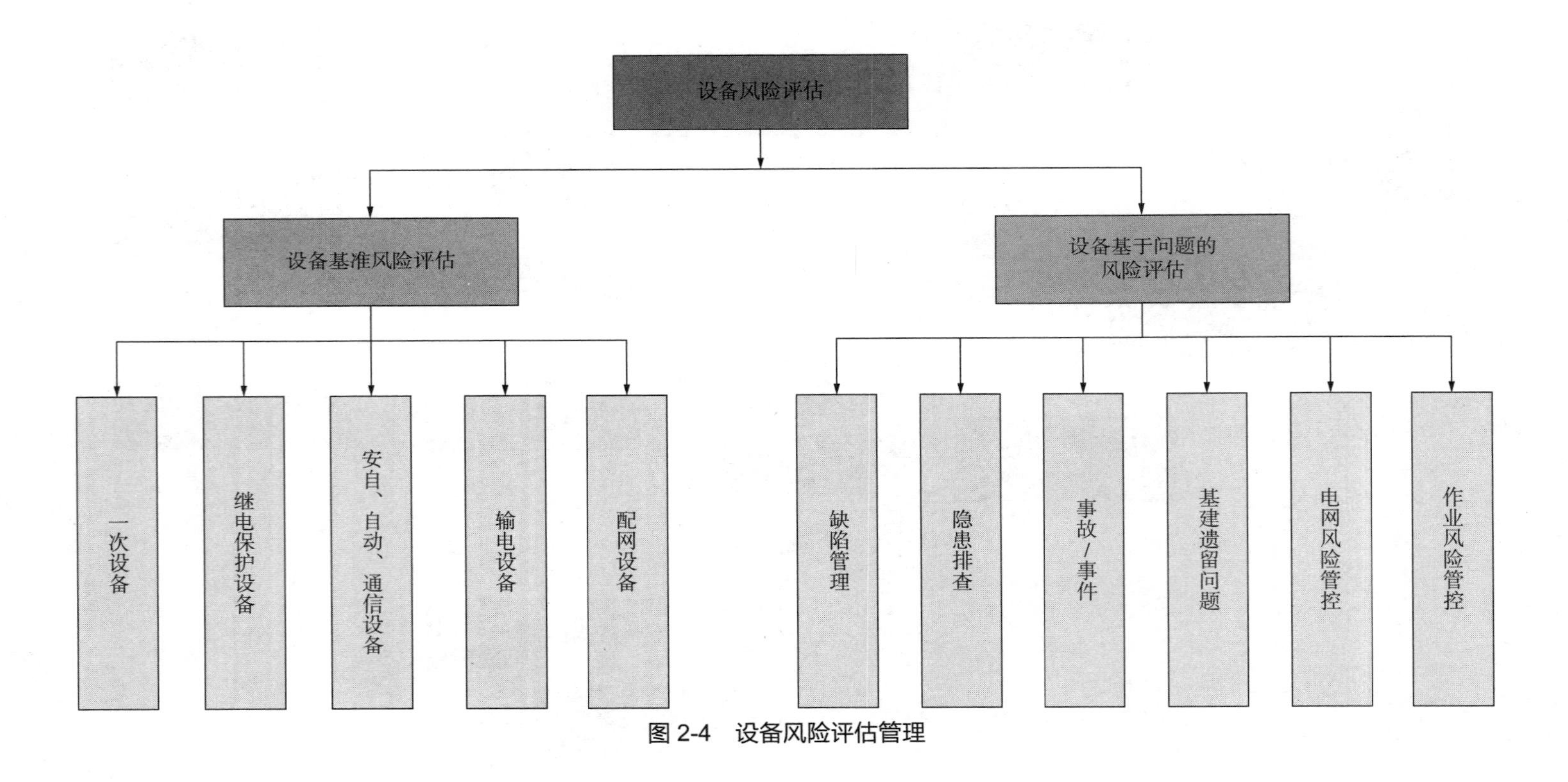

图 2-4　设备风险评估管理

5. 设备风险管控评价标准（表 2-1）

表 2-1　设备风险管控评价标准

序号	评价流程	评价标准	标准分值	查评方法
1	设备风险管理总体要求	（1）企业应建立基于设备风险管理的设备管理制度标准及设备风险评估方法，明确设备选型、采购、安装、调试、验收、运行维护、退役与报废等环节的管理，管理内容和流程完善，符合本单位实际。设备风险评估方法、设备管理相关业务指导书应定期回顾、修订。 （2）管理制度标准职责应明确，工作内容应与实际情况相符，标准编制应体现“5W1H”	6	（1）企业未建立设备管理制度标准及设备风险评估方法，扣 3 分；设备风险管理思路未融入设备管理各环节中，扣 2 分；未动态修订相关标准，每项扣 2 分。 （2）企业制度标准职责不明确、工作内容与实际情况不相符、内容编制“5W1H”不明确，每项扣 2 分
2	设备前端管理（规划设计）	企业在开展电网规划与可行性研究时应充分考虑：电网运行分析数据与风险评估结果；降低电网风险措施的有效性、经济性和可行性；改、扩建的便利性；运行与维护的可靠性、经济性、灵活性、方便性	4	企业规划设计未充分考虑设备运维阶段情况，每项扣 2 分
3	设备前端管理（物资采购、设备监造）	（1）企业应组织责任心强、技术过硬的人员对重要设备制造过程进行技术监督；检查装备技术导则、技术规范书、技术标准等在招标、监造、抽验、出厂验收等环节的应用，落实设备监造装备的关键技术措施，对重要设备进行自主监造和抽检，对技术规范书提出修编建议和要求。 （2）设备监造人员应掌握装备技术导则及所辖区域的特殊要求；企业应监督装备技术导则和技术标准在规划、设计、选型环节的落实情况；积极参与项目可行性研究、初设审查、图纸会审等审查工作，督促设计单位按装备技术导则要求进行设计、选型；严控质量门，要对不符合技术导则的设计选型坚持原则，并及时上报上级设备管理部门。 （3）企业应执行生产设备设施到货验收管理制度，应使用质量合格、符合设计要求的生产设备设施	4	（1）企业未有效应用设备技术规范书，每次扣 2 分；未对重要设备进行自主监造和抽检，每次扣 2 分。 （2）设备监造人员不掌握相关要求，每人次扣 2 分；装备技术导则和技术标准在规划、设计、选型环节未落实，每项扣 2 分；未参与项目可行性研究、初设审查、图纸会审等审查工作，每次扣 2 分。 （3）未开展到货验收，每次扣 2 分

表 2-1（续）

序号	评价流程	评价标准	标准分值	查评方法
4	设备前端管理（工程建设、设备安装、竣工验收）	（1）企业应选择合适的方法对工程项目危害因素进行识别，并进行定性或定量的风险评估，确定其对工程项目管理可能带来的风险。企业应基于工程项目风险评估结果，综合考虑项目效益与管理目标，确定项目风险的管控策略。企业应根据工程项目风险管控策略选择适合的管控方法。 （2）建设、监理和施工单位应对施工质量进行全过程的控制，重点关注：WHS 质量控制点；隐蔽工程；检查与验收标准、方式；安装、检测、试验记录。 （3）企业监督验收人员应熟悉相关验收标准及方法，监督设备技术规范、设备验评标准、反措等在设备安装、调试、验收等环节的执行，检查安装环境是否符合要求，并对关键节点、关键内容、关键试验项目进行抽检。 （4）企业应按照程序和标准进行验收，验收时重点关注：安健环功能（包括配套的劳动安全卫生、防治污染设施及职业病防治措施）；质量控制记录与试验数据；图纸资料与技术档案；工程变更和缺陷处理。应确保验收过程发现问题得到妥善处理	8	（1）工程项目风险识别不全，管控不到位，每项扣 2 分。 （2）施工质量控制不到位，每项扣 2 分。 （3）验收人员不掌握相关要求并抽查落实情况，每项扣 2 分。 （4）工程项目验收不到位，发现问题未得到妥善处理，每项扣 2 分
5	设备前端管理（新设备投运）	（1）企业新设备投运前应开展风险分析，包括电网运行方式、对电网的影响、操作风险、接入系统运行风险等。 （2）新设备投运前应编制启动方案，内容包括：资源要求、风险控制措施、运行方式调整、操作步骤、应急处置、试运行要求等，启动方案必须经过审核、会审与批准。 （3）新设备投运前，企业应完成下列工作：人员培训；规程、图纸、作业指导书编制或修订；技术资料、台账的建立或更新；工器具、备品备件匹配；更新应急处置程序等。 （4）企业应按照启动方案的要求对启动过程中的风险进行有效控制，建立并保存启动过程中的检查、试验和问题处理记录。 （5）企业应按规定办理交接手续，包括：试行期间的运行和试验记录，验收、启动过程中发现问题的处理情况和相关记录等	4	（1）企业新设备投运前未开展风险分析，每次扣 2 分；风险分析不全面，每项扣 1 分。 （2）未编制启动方案，扣 4 分；启动方案内容不全面，每项扣 2 分；方案未经审核、会审与批准，每项扣 2 分。 （3）新设备投运前工作不全面，每项扣 2 分。 （4）启动过程中的检查、试验和问题处理记录不全面，每项扣 2 分。 （5）交接手续不全面，每项扣 1 分

表 2-1（续）

序号	评价流程	评价标准	标准分值	查评方法
6	设备运维（设备基准风险评估）	（1）企业生产设备管理部门应每年组织各生产部门实施输变电设备、通信、调度自动化等设备的基准风险评估工作，并严格按照设备风险评估方法及标准开展评估。设备风险评估应覆盖管辖的所有场所的生产设备以及周期内确定将新增的设备。 （2）设备运维部门应按照本单位相关设备状态评价导则要求，开展设备状态评价工作，设备状态评价结果符合设备实际状况。 （3）设备风险评估结果应跟设备实际运行状况相符合。 （4）各级生产系统员工应掌握设备风险评估方法并熟练应用。 （5）基准风险评估结果控制措施应与危害因素相对应，应根据风险产生条件，从设备采购、安装、调试、验收、投运、日常运维、检修、更新改造、退役报废等环节提出针对性、全面、有效的风险控制措施	8	（1）企业各专业未开展设备基准风险评估，每个专业扣 2 分；设备风险评估结果不符合设备风险评估标准，每项扣 1 分。 （2）企业未按要求开展设备状态评价工作，扣 4 分。 （3）风险评估结果与实际情况不相符，每项扣 1 分。 （4）企业员工不掌握设备风险评估方法，每人扣 1 分。 （5）企业设备风险评估结果未综合考虑设备风险控制措施计划的适用性、可行性、可操作性、经济性以及可能带来的新风险，措施计划未明确责任部门、责任人、完成时间，每项扣 1 分
7	设备运维（设备基于问题的风险评估）	（1）企业电网网架、设备运行状况等改变时，应开展动态设备风险评估，调整设备管控级别及措施。 （2）基于问题的设备风险评估结果应及时反馈到计划、物资、基建、运行等相关部门，应根据设备风险等级和原因，从设备选型、采购、安装、调试、验收、运行维护、退役与报废等方面制定控制措施，并落入对应环节的相关业务指导书或其他可执行标准，作为该管理环节工作的管理依据。 （3）企业应针对设备缺陷、隐患、异常，及时开展基于问题的设备风险评估，制定并实施有效的控制措施	4	（1）企业未动态开展设备风险评估、调整设备管控级别及措施，每项扣 2 分。 （2）基于问题的设备风险评估结果未充分应用，每项扣 2 分。 （3）企业发生因设备缺陷、隐患、异常处置不及时而造成的电力安全事故 / 事件，扣 4 分

表 2-1（续）

序号	评价流程	评价标准	标准分值	查评方法
8	设备运维（制定运维策略）	（1）企业设备管理部门应根据设备管控级别制定年度设备运维策略，建立动态调整机制，明确设备维护类别、巡维项目、周期、触发条件、责任部门、工作要求等相关内容。 （2）企业设备运维部门应根据确定的设备运维策略，制定年度、月度工作计划。 （3）企业生产班组应根据设备运维部门月度计划和新增的工作编制班组周（日）设备运维计划，并按计划开展运维工作。当电网风险、设备状况、气象条件、保供电等发生变化时，应时调整运维计划，并按要求落实	6	（1）企业运维策略内容不全，每项扣 2 分。 （2）企业设备运维部门未制定年度、月度工作计划，扣 4 分。 （3）企业未按要求编制班组周（日）设备运维计划或计划落实不到位，每项扣 2 分；未动态调整运维计划，每次扣 2 分
9	设备运维（设备状态监测）	（1）企业应建立输变配电设备及其附属设备的运行管理制度，执行输变配电运行规程，监视设备运行工况，按照规定进行设备巡视维护、检测试验，保持设备完好。 （2）企业应完善设备的本质安全化功能，防止误操作措施健全，安全自动装置和继电保护正确投入。 （3）企业的设备正常、异常运行、试验、缺陷、故障、操作等各种记录或电子备份档案应齐全。 （4）企业应监督运行值守人员严格执行调度命令、“两票三制”和安全工作规程等规程制度。 （5）企业应完善设备检修安全技术措施，做好检修许可、监护、验收等工作。 （6）企业应合理安排运行方式，做好事故预想，开展预案演练	8	（1）企业未建立输变配电设备运行管理制度，扣 4 分；因运行监视不到位发生不安全事件，每起扣 4 分；设备巡视维护、检测不符合要求，扣 2 分；设备定期轮换和试验工作未执行，扣 5 分；执行不到位，扣 2 分。 （2）企业防止误操作措施不健全，安全自动装置和继电保护未正确投入，扣 4 分。 （3）企业设备正常、异常运行、试验、缺陷、故障、操作等各种记录或电子备份档案缺失，每缺一种扣 2 分；档案不完整、不详实，每项扣 1 分。 （4）企业发生违反调度命令、纪律事件，每起扣 4 分；存在无票操作，每次扣 4 分；工作票、操作票不合格，每张扣 2 分。 （5）企业许可、监护、验收工作不到位，每项扣 2 分。 （6）未定期组织开展预案演练、进行事故预想，每次扣 2 分

表 2-1（续）

序号	评价流程	评价标准	标准分值	查评方法
10	设备运维（多维度数据分析）	（1）企业应定期根据下列数据，对照技术标准，分层、分级对设备运行状况进行综合或专题分析：设备风险评估结果，设备运行数据，设备巡检数据，定检与试验数据，事故、异常和缺陷信息。 （2）企业设备运行分析与评价的内容应包括：设备的运行现状及存在问题与风险、设备的管理状况、运行的安全性与经济性。 （3）设备运维部门应对设备检修、检测、试验的数据进行多维度分析，并将分析结果应用于指导设备运维、检修工作	8	（1）企业未开展专题分析，扣 4 分；专题分析内容不全面，每项扣 1 分。 （2）企业设备运行分析与评价的内容不全面，每项扣 2 分。 （3）企业未开展多维度数据分析，扣 4 分；多维度数据分析应用不足，每项扣 2 分
11	设备运维（缺陷管理）	（1）企业应建立或明确设备缺陷管理标准。按照“四及时”（及时发现、及时分析与评估、及时处置、及时通报）要求，针对设备缺陷、隐患、异常实施基于问题的风险分析，实施有效的“短期控制、中期整治、长期消除”，实现设备缺陷的动态、闭环管控。 （2）企业应针对设备巡维、检修过程中发现的设备缺陷、异常及时分析和评估、处置、上报。 （3）企业设备运维部门发现缺陷后应按本单位设备风险评估管理要求开展设备状态评价及风险评估，应按本单位设备缺陷管理办法开展设备缺陷记录、报送管理、运维策略动态调整等工作。 （4）企业设备缺陷应在规定时限内消缺，并进行验收，缺陷记录的消缺、验收内容应与消缺、验收时的工作记录有一一对应关系。设备重大及以上缺陷消缺率和消缺及时率应符合企业标准。 （5）企业设备缺陷分析结果应作为备品备件储备、设备采购、设备运维措施的依据。针对重复出现的缺陷，应从设备采购、施工、验收、运行维护等阶段的相关制度、流程、技术标准、作业标准、人员培训等方面提出改进措施。 （6）企业设备运维部门应根据设备缺陷、异常等变化开展基于问题的设备风险评估，更新设备风险数据库，制定和落实“短、中、长”控制措施	10	（1）企业未建立缺陷管理标准，扣 5 分。发生因未按照“四及时”要求处理的设备缺陷而造成的电力安全事故 / 事件，每发生一起扣 3 分。 （2）企业未及时对设备缺陷、异常及时分析和评估、处置、上报，每次扣 2 分。 （3）企业未按要求开展设备状态及风险评估，每次扣 2 分。 （4）企业设备消缺率和消缺及时率不满足要求，扣 3 分。 （5）企业设备缺陷分析结果应用不足，每项扣 1 分。 （6）企业未开展基于问题的设备风险评估，每项扣 2 分；未动态更新风险数据库，每项扣 1 分；未落实风险控制措施，每项扣 1 分

表 2-1（续）

序号	评价流程	评价标准	标准分值	查评方法
12	设备运维（隐患管理）	（1）企业应建立隐患排查治理制度，符合有关安全隐患管理规定的要求，界定隐患分级、分类标准，明确“查找—评估—报告—治理（控制）—验收—销号”的闭环管理流程。 （2）企业在新建、改建、扩建等设计、采购、施工阶段应提前介入，提出隐患预控措施。对不影响运行的隐患应制定整改措施，明确责任人和整改时间。重大隐患未消除，设备不得投入运行。 （3）企业应结合外部隐患高发季节、时段等特征，每年定期组织开展隐患排查专项活动，建立台账并及时更新。针对排查出的隐患，应做好隐患处置记录，并制定有效的防范措施，跟踪落实处置情况。 （4）企业应对重大设备隐患实行“双闭环”管理，设备隐患整改措施、责任、资金、时限和预案各环节闭环管理。设备隐患排查（检查）发现、风险评估、分类评级、重点监控、治理改进各环节闭环管理。 （5）企业应根据隐患风险等级，采取相应的事故防范措施，制定应急预案，组织开展预案应急演练	10	（1）企业未建立隐患排查治理制度，扣 5 分。 （2）企业隐患预控措施提出不及时，每次扣 2 分；重大隐患未消除，设备仍投入运行，每次扣 5 分。 （3）企业未定期组织开展隐患排查专项活动，未建立台账并及时更新，扣 2 分；隐患记录不全、措施不具体、闭环管控不足，每项扣 2 分。 （4）企业未实现“双闭环”管理，每缺一个闭环扣 2 分。 （5）企业未制定应急预案，组织开展预案应急演练，扣 2 分
13	设备运维（年度检修计划、检修策略）	（1）企业设备管理部门应结合检修规划和检修策略，制定年度检修计划，包括年度设备修理计划、设备技改计划、设备维护检修计划、设备预试计划、设备检查性操作计划，每年年底组织对下年度检修计划的汇总、补充、修订、审查。 （2）企业生产部门应将年度检修计划分解为月度计划、周计划，同时，在制定计划时应综合考虑设备巡视维护情况、设备状态评价和风险评估结果、反措和消缺等要求，实时调整、滚动修编检修计划。 （3）企业设备检修、维护后，及时对设备的运行状况进行风险评估，并根据评估结果调整运维和检修策略	6	（1）企业设备管理部门未制定年度检修计划，扣 3 分；年度检修计划不全面，每项扣 1 分。 （2）企业生产部门未制定月度计划、周计划，扣 3 分；计划不全面或未动态调整，每项扣 1 分。 （3）及时对设备的运行状况进行风险评估，并根据评估结果调整运维和检修策略，扣 2 分

表 2-1（续）

序号	评价流程	评价标准	标准分值	查评方法
14	设备退役和报废	（1）企业应建立生产设备设施报废管理制度。 （2）企业应对需退役电气设备进行全面评价，提交评价报告；技术监督管理部门参与评价，并对评价意见进行审核、备案；应对鉴定为报废或闲置设备应及时移交入库或处置。 （3）企业拆除的生产设备设施应按规定进行处置。拆除的生产设备设施涉及危险物品的，须制定危险物品处置方案和应急措施，并严格按规定组织实施	6	（1）企业未执行生产设备设施报废管理制度、报废拆除程序不全，每次扣 1 分。 （2）企业技术监督管理部门未参与电气设备退役评价，每次扣 2 分；对鉴定为报废或闲置设备未及时移交入库或处置，每次扣 1 分。 （3）企业拆除的生产设备设施涉及危险物品而未制定处置方案和应急措施，或方案和措施无针对性，每次扣 1 分；未按方案实施，每次扣 1 分；拆除的生产设备设施的处置不符合规定，每次扣 1 分
15	管理支撑	（1）企业应实行统一的资产目录和编码工作，确保固定资产账实一致。 （2）企业应强化强化成本归集管理，按照“不重、不漏、不虚增”资产的原则，准确归集资产成本。 （3）企业应做好各类设备技术标准的修订、宣贯与执行，满足资产全生命周期各阶段发展需要。 （4）企业应加强资产账、卡、物管理。定期组织开展各类资产实物盘点，完善台账信息，开展资产数据“账、卡、物”比对。 （5）企业应基于设备全生命周期管理建立或明确资料台账管理标准，明确资料台账的管理流程、职责。企业应建立输变配电设备台账，设备台账相关信息应完整录入且正确，应与现场在运设备保持一致。新设备、新工程的相关设备台账应在启动验收 5 个工作日前建立，并投入使用；在设备发生变化时，应对设备台账进行更新，台账更新应按照本单位台账信息变更流程执行，设备台账应与实际相对应。企业应建立并保持设备运行全生命周期内的技术资料、图纸和运行记录。企业应对设备文档与台账的及时性、完整性、准确性进行评价和考核，并监督设备使用单位的实物保管和设备台账的质量。 （6）企业应基于风险管控建立信息系统，开展生产数据治理和数据资产采集、分析、开发研究	8	（1）企业账实不一致，每项扣 1 分。 （2）企业资产成本归集不准确，每项扣 1 分。 （3）企业技术标准不全面，每项扣 1 分。 （4）企业“账、卡、物”存在问题，每项扣 1 分。 （5）企业未建立资料台账管理要求，扣 2 分；台账不全面或变化更新不及时，每项扣 2 分；监督考核未及时开展或开展不到位，每项扣 2 分。 （6）企业信息系统不完善，扣 5 分

6. 设备风险评估方法（资料性）

基于运行巡视、维护、检修、预防性试验和带电测试（在线监测）等结果，对反映设备健康状态的各状态量指标进行分析评价，见表 2-2。在状态评价的基础上，分析设备故障发生的可能性，同时结合后果的严重程度，评估设备面临的和可能导致的后果，并确定设备的风险等级。

表 2-2　设备风险评估表

序号	存放位置	设备名称	电压等级	设备厂家	设备型号	设备类型	资产值 A	资产成本损失程度 F_1	资产环境损失程度 F_2	资产人身安全损失程度 F_3	资产电网安全损失程度 F_4	资产损失程度 F	事故（事件）后果	重要用户	后果值 C	N_{jq}（紧急缺陷数）	N_{zq}（重大缺陷数）	N_{yq}（一般缺陷数）	N_z（设备数）	P_{jzq}（家族缺陷概率）	P_{cq}（重复缺陷概率）	P_1（实际故障率）	P_2（隐患排查对应故障率）	设备平均故障率 P	健康度（取设备平均故障率，按评价标准定义确定：正常、注意、异常、严重）	重要度（取H、N、O列中最高者）	设备年限故障率 P_{nx}	运行方式对应设备风险值 R_{DW}	风险值 $R=C\times(P+P_{nx})+R_{DW}$	风险等级	会议确定风险	中级及以上风险分析	拟采取的控制措施

（1）变电、通信、信息设备评估说明

1）设备风险量化值的计算方法。

设备风险评估应分析设备故障可能造成的后果（损失）和故障发生的可能性（概率），进而综合评估设备风险的大小和确定设备风险的等级。在设备风险评估量化过程中将可能造成的后果（损失）和故障发生概率的乘积作为定级的依据。即：

$$R = C\times(P+P_{nx})+R_{DW}$$

式中：

R——设备风险值；

C——后果值（包含设备自身的损失及对环境、人身、电网的损失）；

P——设备平均故障率；

P_{nx}——设备年限故障率；

R_{DW}——电网风险对应的设备风险值。

通过对设备资产的量化、资产损失值的量化、资产损失程度的统计可以得出后果值，通过对设备状态评价或者（隐患评查＋缺陷统计）可以得出设备平均故障率，通过对设备年限排查得出设备年限故障率，通过对运行方式中电网风险对应的设备风险值，从而按照 $R = C \times (P + P_{nx}) + R_{DW}$ 计算得出最终设备风险值。

①后果值（C）的计算

后果值 C 是指综合考虑设备自身的损失及电网损失的潜在损失总量，按下式计算。

$$C = A \times (0.5 + F)$$

式中：

A——资产（assets）；

F——资产损失程度 。

a）资产（A）的量化及取值标准。

设备资产评估主要考虑设备价值（即资产 A），可直接反映设备固有成本以及损坏后的维修或更换成本，根据设备价值对应的取值范围为 1～10（表 2-3～表2-11）。依据 ×× 公司发布的设备采购指导价确定：500kV 变压器以及容量为 240MV·A 的 220kV 变压器定为关键设备；容量低于 240MV·A 的 220kV 变压器定为关注设备；上述情况以外的设备均定为一般设备。所以 $A \geqslant 9$ 为关键设备；$8 \leqslant A < 9$ 为重要设备；$7 \leqslant A < 8$ 为关注设备；$A \leqslant 6$ 为一般设备。

变压器（电抗器）结合电压等级和容量，断路器结合电压等级、额定电流、开断电流，其余一次设备结合电压等级不同取值不同。

二次设备由于设备价值相对较低，考虑到对电网的重要性，35kV 及以下量化取值为 2，220kV 量化取值为 3（其中，主变 220kV 侧关口电能表取值为 5），500kV 量化取值为 5（其中，500kV 高抗无功电能表取值为 3），主干网、××省网通信光传输设备取值为 5，其余信息、通信和辅助设备（系统）统一量化取值为 2，包含多个电压等级的设备（如录波、行波、测控、交换机、GPS、保信子站、地网等，不包括电能表）按 220kV 量化取值为 3。

表 2-3　变压器（电抗器）设备价值参考取值

电压等级	容量 /（MV·A）	设备价值取值范围
10kV	0.4	1
	0.63	1
35kV	0.63	2
	0.8	3
	20	5
500kV	40	6
	70	8
	167	9
	250	10

表 2-4　断路器设备价值参考取值

电压等级	开断电流 /kA	设备价值取值范围
35kV	40	4
220kV	40	5
	50	5
	53	5
	63	5
500kV	50	6
	63	6

表 2-5　电流互感器设备价值参考取值

电压等级	设备价值取值范围
35kV	1
220kV	3
500kV	6

表 2-6　电压互感器（耦合电容器）设备价值参考取值

电压等级	设备价值取值范围
35kV	1
220kV	3
500kV	6

表 2-7　避雷器（避雷针、接地网）设备价值参考取值

电压等级	设备价值取值范围
35kV	1
110kV	2
220kV	3
500kV	4

表 2-8　刀闸（地刀）设备价值参考取值

电压等级	设备价值取值范围
35kV	1
220kV	3
500kV	6

表 2-9　电容器组设备价值参考取值

电压等级	设备价值取值范围
35kV	2
500kV	6

表 2-10　母线设备价值参考取值

电压等级	设备价值取值范围
35kV	2
220kV	4
500kV	6

表 2-11　站内架空引线价值参考取值

电压等级	设备价值取值范围
35kV	0.5
220kV	1
500kV	2

b）资产损失程度（F）的量化及计算方法。

◇资产损失程度由成本、环境、人身安全、电网安全4个要素的损失程度确定。资产损失程度为每一个要素损失程度的加权之和，资产损失程度 F 按下式计算：

$$F = 0.4F_1 + 0.1F_2 + 0.2F_3 + 0.3F_4$$

式中：

F——资产损失程度；

F_1——资产的成本损失程度；

F_2——资产的环境损失程度；

F_3——资产的人身安全损失程度；

F_4——资产的电网安全损失程度。

每一个要素的损失程度由要素损失值和要素损失概率确定。

资产的成本损失程度 F_1 按下式计算：

$$F_1 = I_{11} \times \mathrm{POF}_{11} + I_{12} \times \mathrm{POF}_{12} + \cdots\cdots + I_{19} \times \mathrm{POF}_{19}$$

式中：

F_1——资产的成本损失程度；

I_{11}——特大设备事故损失值；

POF_{11}——特大设备事故损失概率；

I_{12}——重大设备事故损失值；

POF_{12}——重大设备事故损失概率；

I_{13}——较大设备事故损失值；

POF_{13}——较大设备事故损失概率；

I_{14}——一般设备事故损失值；

POF_{14}——一般设备事故损失概率；

I_{15}——一级设备事件损失值；

POF_{15}——一级设备事件损失概率；

I_{16}——二级设备事件损失值；

POF_{16}——二级设备事件损失概率；

I_{17}——三级设备事件损失值；

POF_{17}——三级设备事件损失概率；

I_{18}——四级设备事件损失值；

POF_{18}——四级设备事件损失概率；

I_{19}——五级设备事件损失值；

POF_{19}——五级设备事件损失概率。

资产的环境损失程度 F_2 按下式计算：

$$F_2 = I_{21} \times POF_{21} + I_{22} \times POF_{22} + I_{23} \times POF_{23}$$

式中：

F_2——资产的环境损失程度；

I_{21}——环境严重污染损失值；

POF_{21}——环境严重污染损失概率；

I_{22}——环境中度污染损失值；

POF_{22}——环境中度污染损失概率；

I_{23}——环境轻度污染损失值；

POF_{23}——环境轻度污染损失概率。

资产的人身安全损失程度 F_3 按下式计算：

$$F_3 = I_{31} \times POF_{31} + I_{32} \times POF_{32} + \cdots\cdots + I_{39} \times POF_{39}$$

式中：

F_3——资产的人身安全损失程度；

I_{31}——特大人身事故损失值；

POF_{31}——特大人身事故损失概率；

I_{32}——重大人身事故损失值；

POF_{32}——重大人身事故损失概率；

I_{33}——较大人身事故损失值；

POF_{33}——较大人身事故损失概率；

I_{34}——一般人身事故损失值；

POF_{34}——一般人身事故损失概率；

I_{35}——一级人身事件损失值；

POF_{35}——一级人身事件损失概率；

I_{36}——二级人身事件损失值；

POF_{36}——二级人身事件损失概率；

I_{37}——三级人身事件损失值；

POF_{37}——三级人身事件损失概率；

I_{38}——四级人身事件损失值；

POF_{38}——四级人身事件损失概率；

I_{39}——五级人身事件损失值；

POF_{39}——五级人身事件损失概率。

资产的电网安全损失程度 F_4 按下式计算：

$$F_4 = I_{41} \times POF_{41} + I_{42} \times POF_{42} + \cdots\cdots + I_{49} \times POF_{49}$$

式中：

F_4——资产的电网安全损失程度；

I_{41}——特大电网事故损失值；

POF_{41}——特大电网事故损失概率；

I_{42}——重大电网事故损失值；

POF_{42}——重大电网事故损失概率；

I_{43}——较大电网事故损失值；

POF_{43}——较大电网事故损失概率；

I_{44}——一般电网事故损失值；

POF_{44}——一般电网事故损失概率；

I_{45}——一级电网事件损失值；

POF_{45}——一级电网事件损失概率；

I_{46}——二级电网事件损失值；

POF_{46}——二级电网事件损失概率；

I_{47}——三级电网事件损失值；

POF_{47}——三级电网事件损失概率；

I_{48}——四级电网事件损失值；

POF_{48}——四级电网事件损失概率；

I_{49}——五级电网事件损失值；

POF_{49}——五级电网事件损失概率。

◇要素及等级划分由成本、环境（轻度污染、中度污染、严重污染）人身安全、电网安全确定。

成本损失等级划分参考《电力事故事件调查规程》中设备事故的划分标准，分为9个等级：特大设备事故、重大设备事故、较大设备事故、一般设备事故、一级设备事件、二级设备事件、三级设备事件、四级设备事件、五级设备事件。

环境主要考虑空气污染、土壤污染以及噪声污染，例如油泄漏或着火、噪声、电磁场辐射、气固液“三废”的排放，分为轻度污染、中度污染、严重污染3个等级。

轻度污染包括：

· 运行中设备噪声值超过GB 12348—2008规定的标准值，但不大于标准值的1.2倍；

· 设备六氟化硫气体泄漏、爆炸或者火灾导致的大气污染气体排放速率超过 GB 16297—1996 规定的标准值，但不大于 1.2 倍；

· 其他经认定的轻度污染事故。

中度污染包括：

· 运行中设备噪声值超过 GB 12348—2008 规定标准值的 1.2 倍；

· 设备六氟化硫气体泄漏、爆炸或者火灾导致的大气污染气体排放速率超过 GB 16297—1996 规定标准值的 1.2 倍，但不大于 1.5 倍；

· 充油设备火灾或者爆炸导致大量油泄漏；

· 其他经认定的中度污染事故。

严重污染包括：

· 设备六氟化硫气体泄漏、爆炸或者火灾导致的大气污染气体排放速率超过 GB 16297—1996 规定标准值的 1.5 倍；

· 充油设备火灾或者爆炸导致大量油泄漏，油泄漏处理不当导致周围环境污染；

· 其他经认定的严重污染事故。

人身安全损失等级划分参考《电力事故事件调查规程》中人身事故等级划分标准，分为 9 个等级：特大人身事故、重大人身事故、较大人身事故、一般人身事故、一级人身事件、二级人身事件、三级人身事件、四级人身事件、五级人身事件。

电网安全参考《电力事故事件调查规程》中电网安全事故等级划分标准，分为 9 个等级：特大电网事故、重大电网事故、较大电网事故、一般电网事故、一级电网事件、二级电网事件、三级电网事件、四级电网事件、五级电网事件。

◇ 要素损失值见表 2-12。

表 2-12　变电、通信、信息设备要素损失值

成本		环境		人身安全		电网安全	
损失等级	取值（I_1）	损失等级	取值（I_2）	损失等级	取值（I_3）	损失等级	取值（I_4）
特大设备事故	10	严重污染	9	特大人身事故	10	特大电网事故	10
重大设备事故	9	中度污染	6	重大人身事故	9	重大电网事故	9

表 2-12（续）

成本		环境		人身安全		电网安全	
损失等级	取值（I_1）	损失等级	取值（I_2）	损失等级	取值（I_3）	损失等级	取值（I_4）
较大设备事故	8	轻度污染	3	较大人身事故	8	较大电网事故	8
一般设备事故	7			一般人身事故	7	一般电网事故	7
一级设备事件	6			一级人身事件	6	一级电网事件	6
二级设备事件	4			二级人身事件	4	二级电网事件	4
三级设备事件	3			三级人身事件	3	三级电网事件	3
四级设备事件	2			四级人身事件	2	四级电网事件	2
五级设备事件	1			五级人身事件	1	五级电网事件	1

◇要素损失概率 POF（probability of failure）需对大量历史数据统计分析而得到。

要素损失概率统计分析步骤如下：划定统计范围—统计时段（自投产以来）—确定设备数量—收集故障信息—分析统计样本，针对每次损失，按照成本、环境、人身安全和电网安全 4 个要素分类—确定每一个样本的损失次数，并在表 2-13 的相应位置加 1。

表 2-13　变电、通信、信息设备要素损失概率统计

设备型号	次数																													
	成本									环境			人身安全									电网安全								
	特大设备事故 n_{11}	重大设备事故 n_{12}	较大设备事故 n_{13}	一般设备事故 n_{14}	一级设备事件 n_{15}	二级设备事件 n_{16}	三级设备事件 n_{17}	四级设备事件 n_{18}	五级设备事件 n_{19}	轻度污染 n_{21}	中度污染 n_{22}	严重污染 n_{23}	特大人身事故 n_{31}	重大人身事故 n_{32}	较大人身事故 n_{33}	一般人身事故 n_{34}	一级人身事件 n_{35}	二级人身事件 n_{36}	三级人身事件 n_{37}	四级人身事件 n_{38}	五级人身事件 n_{39}	特大电网事故 n_{41}	重大电网事故 n_{42}	较大电网事故 n_{43}	一般电网事故 n_{44}	一级电网事件 n_{45}	二级电网事件 n_{46}	三级电网事件 n_{47}	四级电网事件 n_{48}	五级电网事件 n_{49}

要素损失概率按照下式计算。

$$\mathrm{POF}_{jk}=\frac{n_{jk}}{n\times N_{z}}\times 100\%$$

式中：

j——损失要素；

k——要素损失等级；

n_{jk}——j 要素 k 等级下的要素故障次数；

n——j 要素故障发生总次数；

N_z——设备数量；

POF_{jk}——j 要素 k 等级下的要素损失概率（表 2-14）。

由于历史采样范围相对较小，在历史统计中所有损失次数均为 0 时，POF_{jk} 取值为 0。

表 2-14　变电、通信、信息设备要素损失概率

设备型号	概率/%																													
	成本									环境			人身安全									电网安全								
	特大设备事故 P_{11}	重大设备事故 P_{12}	较大设备事故 P_{13}	一般设备事故 P_{14}	一级设备事件 P_{15}	二级设备事件 P_{16}	三级设备事件 P_{17}	四级设备事件 P_{18}	五级设备事件 P_{19}	轻度污染 P_{21}	中度污染 P_{22}	严重污染 P_{23}	特大人身事故 P_{31}	重大人身事故 P_{32}	较大人身事故 P_{33}	一般人身事故 P_{34}	一级人身事件 P_{35}	二级人身事件 P_{36}	三级人身事件 P_{37}	四级人身事件 P_{38}	五级人身事件 P_{39}	特大电网事故 P_{41}	重大电网事故 P_{42}	较大电网事故 P_{43}	一般电网事故 P_{44}	一级电网事件 P_{45}	二级电网事件 P_{46}	三级电网事件 P_{47}	四级电网事件 P_{48}	五级电网事件 P_{49}

②设备平均故障率（P）的计算

按照设备平均故障率的计算方法分为两类：已开展设备状态评价类设备和未开展设备状态评价类设备。

a）设备平均故障率按照设备状态评价结果对应表 2-15 取值。

表 2-15 变电、通信、信息设备平均故障率

状态评价状态分类	正常状态	注意状态	异常状态	严重状态
设备平均故障率	0.50%	30%	60%	80%

b）设备平均故障率按照下式计算。

$$P = P_1 + P_2$$

式中：

P_1——该设备实际故障率；

P_2——隐患排查结果的对应故障率。

该设备实际故障率（P_1）(自投产以来）按下式计算：

$$P_1 = (N_{jq} + 0.5N_{zq} + 0.01N_{yq}) / N_z + P_{jzq} + 0.5\,P_{cq}$$

式中：

N_{jq}——该设备发生且已消除的紧急缺陷次数；

N_{zq}——该设备发生且已消除的重大缺陷次数；

N_{yq}——该设备发生且已消除的一般缺陷次数；

N_z——该设备数量；

P_{jzq}——该设备存在且尚未通过技术手段消除的家族性缺陷；

P_{cq}——该设备曾经发生过且尚未通过技术手段彻底解决的重复性缺陷。

其中，缺陷次数统计指设备自投产以来发生的紧急、重大、一般缺陷总数。

隐患排查结果对应故障率（P_2）按照表 2-16 取值。对没有隐患排查标准的设备，隐患排查结果对应故障率取值为 0。若设备同时隐患排查结果为一般隐患或重大隐患，同时又存在一般缺陷未消除，对应故障率取较大值。

表 2-16　对应故障率

隐患排查结果分类	正常	一般隐患	一般缺陷	重大隐患	隐患排查结果分类
隐患排查结果的对应故障率	0%	20%	30%	50%	隐患排查结果的对应故障率

c）设备年限故障率（P_{nx}）。

◇按照相关设备技术规范，各类设备运行年限（N_x）见表 2-17。表 2-17 未纳入统计亦未查到相关寿命要求的设备设备年限故障率取值为 0。

表 2-17　设备运行年限

设备类型	一次主设备	二次设备	贫液蓄电池	胶体蓄电池	电能表
N_x/年	30	12	10	15	20

◇注明评估设备实际运行年数的，设备年限故障率取值见表 2-18；没有注明设备年限的设备，设备年限故障率按 0% 取值。

表 2-18　设备年限故障率

实际运行年数（N）	$N < N_x$	$N \geqslant N_x$
设备年限故障率（P_{nx}）	0	1

d）设备数量统计方法。

综合考虑信息化和设备的工艺水平，按照同厂家、同型号产品统计设备数量，例如，RCS-978C 和 RCS-978CF、GL317X 和 GL317XD 视为不同设备。

e）设备风险值。

电网运行方式中评估电网的主要运行风险，结合电网运行风险编制关键设备和重点设备清单，电网风险对应的设备风险值（R_{DW}）与关键设备和重点设备相对应，见表 2-19。

表 2-19　变电、通信、信息设备风险值

设备管控级别	关键设备	重点设备
R_{DW} 值	2	1

f）事故 / 事件后果（表 2-20）。

依据年度运行方式及《电力事故（事件）调查规程》确定。

表 2-20　事故 / 事件后果

序号	设备类别	电压等级 /kV	事件等级	重要度	取值
1	变压器或电抗器	500	一级事件	重要	8
		110	三级事件	关注	7
		35	四级事件	一般	4
		10	五级事件	一般	4
2	开关、互感器、套管	500	三级事件	关注	7
		220	四级事件	一般	4
		110	五级事件	一般	3
		35	五级事件	一般	3
		10	五级事件	一般	3
3	避雷器、电容器、串补等		四级事件	一般	4

g）重要用户依据各省（区）、市政府相关部门批复的年度重要用户目录或年度运行方式确定（表 2-21）。间隔对应设备全部相同取值。

表 2-21　重要客户的确定

序号	用户类别	重要度	取值
1	特级重要用户	关键	10
2	一级重要用户	重要	8
3	二级重要用户	关注	7
4	其他	一般	4

2）设备风险值的应用。

①设备风险的定级。

按照本标准全面开展设备风险评估后，组织召开专家分析会对中风险及以上设备进一步分析决定风险值的重要状态参量，最终进行定级，并确定控制措施。

根据设备风险值的大小，将设备风险分为高风险、中风险、低风险、可接受风险 4 个等级（表 2-22），依次用红色、橙色、蓝色和绿色表示。

表 2-22　变电、通信、信息设备风险等级

风险级别分类	高	中	低	可接受
风险值	$R \geqslant 3$	$2.5 \leqslant R < 3$	$0.5 \leqslant R < 2.5$	$R < 0.5$
描 述	不期望发生，需要立即采取纠正措施	可接受，需要采取措施进行纠正	可接受，需要密切关注	可接受，不需要特别关注

②设备风险的应用。

设备风险评估完成后，按照风险级别进行排序，作为输变电设备运行、维护、检修、试验、技改的决策依据，安排有关生产工作时应考虑设备继续运行对风险值改变的影响。通过对中高风险设备的具体原因分析（主要说明设备风险等级高的主要决定因素，如

POF_{jk} 数值、设备状态评价项和分值、隐患排查的设备状态及原因、目前的缺陷情况、实际故障率、对应的电网风险情况等），并相应制定针对性的控制措施（参见表 2-23）。

表 2-23　设备风险应用相关因素

设备名称	设备型号	风险等级	风险分析	控制措施	责任部门	完成时限

（2）输电设备评估说明

1）设备风险量化值的计算方法。

设备风险评估应分析设备故障可能造成的后果（损失）和故障发生的可能性（概率），进而综合评估设备风险的大小和确定设备风险的等级。在设备风险评估量化过程中将可能造成的后果（损失）和故障发生概率的乘积作为定级的依据。即：

$$R=C\times P+R_{\mathrm{DW}}$$

式中：

R——设备风险值；

C——后果值（包含设备自身的损失及对环境、人身、电网的损失）；

P——设备平均故障率；

R_{DW}——运行方式中电网风险对应的设备风险值。

通过对设备资产的量化、资产损失值的量化、资产损失程度的统计可以得出后果值；通过对设备状态评价可以得出设备平均故障率；通过运行方式中电网风险对应的设备风险值，按照 $R=C\times(P+P_{\mathrm{nx}})+R_{\mathrm{DW}}$ 计算得出最终设备风险值。

①后果值 C 的计算。

后果值 C 是指综合考虑设备自身的损失及电网的损失的潜在损失总量，按下式计算：

$$C=A\times(1+F)$$

式中：

A——资产（assets）；

F——资产损失程度。

a）资产 A 的量化及取值标准。

设备资产评估主要考虑设备价值（即资产 A），可直接反映设备固有成本以及损坏后的维修或更换成本，根据设备价值对应的取值范围为 1～10。设备价值具体取值时，架空输电线路考虑铝线截面的影响。

架空输电线路设备价值参考取值见表 2-24。

表 2-24　架空输电线路设备参考取值

电压等级 /kV	导线额定截面 /mm²	设备价值取值范围
10		1
35		2
500	4 × 300	5
	4 × 400	5
	6 × 300	6
	4 × 500	6
	4 × 630	7
	4 × 720	8
800	6 × 630	10

b）资产损失程度 F 的量化及计算方法。

◇资产损失程度

资产损失程度由成本、环境、人身安全、电网安全 4 个要素的损失程度确定。资产损失程度为每一个要素损失程度的加权之和，

资产损失程度 F 按下式计算：

$$F = 0.4F_1 + 0.2F_2 + 0.4F_3 + 0.4F_4$$

式中：

F——资产损失程度；

F_1——资产的成本损失程度；

F_2——资产的环境损失程度；

F_3——资产的人身安全损失程度；

F_4——资产的电网安全损失程度。

每一个要素的损失程度由要素损失值和要素损失概率确定。

资产的成本损失程度 F_1 按下式计算：

$$F_1 = I_{11} \times \mathrm{POF}_{11} + I_{12} \times \mathrm{POF}_{12} + \cdots\cdots + I_{19} \times \mathrm{POF}_{19}$$

式中：

F_1——资产的成本损失程度；

I_{11}——特大设备事故损失值；

POF_{11}——特大设备事故损失概率；

I_{12}——重大设备事故损失值；

POF_{12}——重大设备事故损失概率；

I_{13}——较大设备事故损失值；

POF_{13}——较大设备事故损失概率；

I_{14}——一般设备事故损失值；

POF_{14}——一般设备事故损失概率；

I_{15}——一级设备事件损失值；

POF_{15}——一级设备事件损失概率；

I_{16}——二级设备事件损失值；

POF_{16}——二级设备事件损失概率；

I_{17}——三级设备事件损失值；

POF_{17}——三级设备事件损失概率；

I_{18}——四级设备事件损失值；

POF_{18}——四级设备事件损失概率；

I_{19}——五级设备事件损失值；

POF_{19}——五级设备事件损失概率。

资产的环境损失程度 F_2 按下式计算：

$$F_2 = I_{21} \times POF_{21} + I_{22} \times POF_{22} + I_{23} \times POF_{23}$$

式中：

F_2——资产的环境损失程度；

I_{21}——环境严重污染损失值；

POF_{21}——环境严重污染损失概率；

I_{22}——环境中度污染损失值；

POF_{22}——环境中度污染损失概率；

I_{23}——环境轻度污染损失值；

POF_{23}——环境轻度污染损失概率。

资产的人身安全损失程度 F_3 按下式计算：

$$F_3 = I_{31} \times \text{POF}_{31} + I_{32} \times \text{POF}_{32} + \cdots\cdots + I_{39} \times \text{POF}_{39}$$

式中：

F_3——资产的人身安全损失程度；

I_{31}——特大人身事故损失值；

POF_{31}——特大人身事故损失概率；

I_{32}——重大人身事故损失值；

POF_{32}——重大人身事故损失概率；

I_{33}——较大人身事故损失值；

POF_{33}——较大人身事故损失概率；

I_{34}——一般人身事故损失值；

POF_{34}——一般人身事故损失概率；

I_{35}——一级人身事件损失值；

POF_{35}——一级人身事件损失概率；

I_{36}——二级人身事件损失值；

POF_{36}——二级人身事件损失概率；

I_{37}——三级人身事件损失值；

POF_{37}——三级人身事件损失概率；

I_{38}——四级人身事件损失值；

POF_{38}——四级人身事件损失概率；

I_{39}——五级人身事件损失值；

POF_{39}——五级人身事件损失概率。

资产的电网安全损失程度（F_4）按下式计算。

$$F_4 = I_{41} \times \mathrm{POF}_{41} + I_{42} \times \mathrm{POF}_{42} + \cdots\cdots + I_{49} \times \mathrm{POF}_{49}$$

式中：

F_4——资产的电网安全损失程度；

I_{41}——特大电网事故损失值；

POF_{41}——特大电网事故损失概率；

I_{42}——重大电网事故损失值；

POF_{42}——重大电网事故损失概率；

I_{43}——较大电网事故损失值；

POF_{43}——较大电网事故损失概率；

I_{44}——一般电网事故损失值；

POF_{44}——一般电网事故损失概率；

I_{45}——一级电网事件损失值；

POF_{45}——一级电网事件损失概率；

I_{46}——二级电网事件损失值；

POF_{46}——二级电网事件损失概率；

I_{47}——三级电网事件损失值；

POF_{47}——三级电网事件损失概率；

I_{48}——四级电网事件损失值；

POF_{48}——四级电网事件损失概率；

I_{49}——五级电网事件损失值；

POF_{49}——五级电网事件损失概率。

◇要素及等级划分。

成本损失等级划分参考《电力事故（事件）调查规程》中设备事故的划分标准，分为 9 个等级：特大设备事故、重大设备事故、较大设备事故、一般设备事故、一级设备事件、二级设备事件、三级设备事件、四级设备事件、五级设备事件。

环境主要考虑空气污染、土壤污染以及噪声污染，例如油泄漏或着火、噪声、电磁场辐射、气固液“三废”的排放，分为轻度污染、中度污染、严重污染 3 个等级。

——轻度污染包括：

· 运行中设备噪声值超过 GB 12348—2008 规定的标准值，但不大于标准值的 1.2 倍；

· 设备六氟化硫气体泄漏、爆炸或者火灾导致的大气污染气体排放速率超过 GB 16297—1996 规定的标准值，但不大于 1.2 倍；

· 其他经认定的轻度污染事故。

——中度污染包括：

· 运行中设备噪声值超过 GB 12438—2008 规定标准值的 1.2 倍；

· 设备六氟化硫气体泄漏、爆炸或者火灾导致的大气污染气体排放速率超过 GB 16297—1996 规定标准值的 1.2 倍，但不大于 1.5 倍；

· 充油设备火灾或者爆炸导致大量油泄漏；

· 其他经认定的中度污染事故。

——严重污染包括：

· 设备六氟化硫气体泄漏、爆炸或者火灾导致的大气污染气体排放速率超过 GB 16297—1996 规定标准值的 1.5 倍；

· 充油设备火灾或者爆炸导致大量油泄漏，油泄漏处理不当导致周围环境污染；

· 其他经认定的严重污染事故。

人身安全损失等级划分参考《电力事故（事件）调查规程》中人身事故等级划分标准，分为 9 个等级：特大人身事故、重大人身事故、较大人身事故、一般人身事故、一级人身事件、二级人身事件、三级人身事件、四级人身事件、五级人身事件。

电网安全参考《电力事故（事件）调查规程》中电网安全事故等级划分标准，分为 9 个等级：特大电网事故、重大电网事故、较大电网事故、一般电网事故、一级电网事件、二级电网事件、三级电网事件、四级电网事件、五级电网事件。

◇要素损失值（表 2-25）。

表 2-25　输电设备要素损失值

成本		环境		人身安全		电网安全	
损失等级	取值（I_1）	损失等级	取值（I_2）	损失等级	取值（I_3）	损失等级	取值（I_4）
特大设备事故	10	严重污染	9	特大人身事故	10	特大电网事故	10
重大设备事故	9	中度污染	6	重大人身事故	9	重大电网事故	9
较大设备事故	8	轻度污染	3	较大人身事故	8	较大电网事故	8
一般设备事故	7			一般人身事故	7	一般电网事故	7
一级设备事件	6			一级人身事件	6	一级电网事件	6
二级设备事件	4			二级人身事件	4	二级电网事件	4
三级设备事件	3			三级人身事件	3	三级电网事件	3
四级设备事件	2			四级人身事件	2	四级电网事件	2
五级设备事件	1			五级人身事件	1	五级电网事件	1

◇要素损失概率 POF（probability of failure）需对大量历史数据统计分析而得到。

要素损失概率统计分析步骤如下：划定统计范围—统计时段（自投产以来）—确定设备数量—收集故障信息—分析统计样本，针对每次损失，按照成本、环境、人身安全和电网安全四个要素分类，确定每一个样本的损失次数，并在表 2-26 的相应位置加 1。

表 2-26 输电设备要素损失概率统计

设备型号	次数																													
	成本									环境			人身安全									电网安全								
	特大设备事故 n_{11}	重大设备事故 n_{12}	较大设备事故 n_{13}	一般设备事故 n_{14}	一级设备事件 n_{15}	二级设备事件 n_{16}	三级设备事件 n_{17}	四级设备事件 n_{18}	五级设备事件 n_{19}	轻度污染 n_{21}	中度污染 n_{22}	严重污染 n_{23}	特大人身事故 n_{31}	重大人身事故 n_{32}	较大人身事故 n_{33}	一般人身事故 n_{34}	一级人身事件 n_{35}	二级人身事件 n_{36}	三级人身事件 n_{37}	四级人身事件 n_{38}	五级人身事件 n_{39}	特大电网事故 n_{41}	重大电网事故 n_{42}	较大电网事故 n_{43}	一般电网事故 n_{44}	一级电网事件 n_{45}	二级电网事件 n_{46}	三级电网事件 n_{47}	四级电网事件 n_{48}	五级电网事件 n_{49}
500kV 交流输电线路																														
500kV 直流输电线路																														

要素损失概率按照按下式计算。

$$\mathrm{POF}_{jk}=\frac{n_{jk}}{n\times N_{\mathrm{z}}}\times 100\%$$

式中：

j——损失要素；

k——要素损失等级；

n_{jk}——某一等级下的要素故障次数；

n——故障发生总次数；

N_z——该型号设备总数；

POF_{jk}——某一等级下的要素损失概率。

由于历史采样范围相对较小，在历史统计中所有损失次数均为 0 时，POF_{jk} 取值为 0（表 2-27）。

表 2-27　输电设备要素损失概率

设备型号	概率 /%																													
	成本									环境			人身安全									电网安全								
	特大设备事故 P_{11}	重大设备事故 P_{12}	较大设备事故 P_{13}	一般设备事故 P_{14}	一级设备事件 P_{15}	二级设备事件 P_{16}	三级设备事件 P_{17}	四级设备事件 P_{18}	五级设备事件 P_{19}	轻度污染 P_{21}	中度污染 P_{22}	严重污染 P_{23}	特大人身事故 P_{31}	重大人身事故 P_{32}	较大人身事故 P_{33}	一般人身事故 P_{34}	一级人身事件 P_{35}	二级人身事件 P_{36}	三级人身事件 P_{37}	四级人身事件 P_{38}	五级人身事件 P_{39}	特大电网事故 P_{41}	重大电网事故 P_{42}	较大电网事故 P_{43}	一般电网事故 P_{44}	一级电网事件 P_{45}	二级电网事件 P_{46}	三级电网事件 P_{47}	四级电网事件 P_{48}	五级电网事件 P_{49}

②设备平均故障率（P）的计算。

设备平均故障率（P）按照设备状态评价结果对应表 2-28 取值。

表 2-28　输电设备设备平均故障率

状态评价状态分类	正常状态	注意状态	异常状态	严重状态
设备平均故障率	0.50%	2.47%	12.17%	60.01%

③电网运行方式中评估电网的主要运行风险，结合电网运行风险编制关键设备和重点设备清单，电网风险对应的设备风险值

（R_{DW}）与关键设备和重点设备相对应，具体见表 2-29。

表 2-29　输电设备风险值

设备管控级别	关键设备	重点设备
R_{DW} 值	3	1

2）设备风险值的计算及应用

①设备风险的定级

按照本标准全面开展设备风险评估后，组织召开专家分析会对中风险及以上设备进一步分析决定风险值的重要状态参量，最终进行定级，并确定控制措施。

根据设备风险值的大小，将设备风险分为高风险、中风险、低风险、可接受风险 4 个等级（表 2-30），依次用红色、橙色、蓝色和绿色表示。

表 2-30　输电设备风险等级

风险级别分类	高	中	低	可接受
风险值（R）	$R \geqslant 5$	$3 \leqslant R < 5$	$1 \leqslant R < 3$	$R < 1$
描 述	不期望发生，需要立即采取纠正措施	可接受，需要采取措施进行纠正	可接受，需要密切关注	可接受，不需要特别关注

②设备风险的应用

设备风险评估完成后，按照风险级别进行排序，其结果不仅作用于设备隐患或缺陷消除时限，也对线路巡视周期产生变化，同时对线路技术监督也产生影响，此外，设备风险评估结果也作为输电设备大修技改的参考依据。

第三章　作业风险管控

1. 目的

通过全面识别企业生产作业任务，对作业任务开展风险评估，制定风险管控措施，规范作业前准备、作业中控制、作业后回顾，实现作业全过程风险管控，确保作业过程的人身、电网、设备、环境安全。

2. 名词解释

风险：潜在性变成现实的机会（损失的机会），是某一特定危险情况发生的可能性和后果的组合，当危险暴露在人类的生产活动中就成为风险。电网企业的主要风险包括触电、高处坠落、机械伤害、物体打击、爆炸伤人、有毒有害物质伤害等。

3. 主要管理内容

（1）组织各生产部门全面辨识作业任务，建立全面的作业任务清单。

（2）组织开展作业风险评估，建立作业风险数据库，并有效运用及动态管控。

（3）做好作业前准备工作，实施作业过程风险控制和监测、强化风险总结回顾和持续改进。

4. 作业风险管控流程（图 3-1）

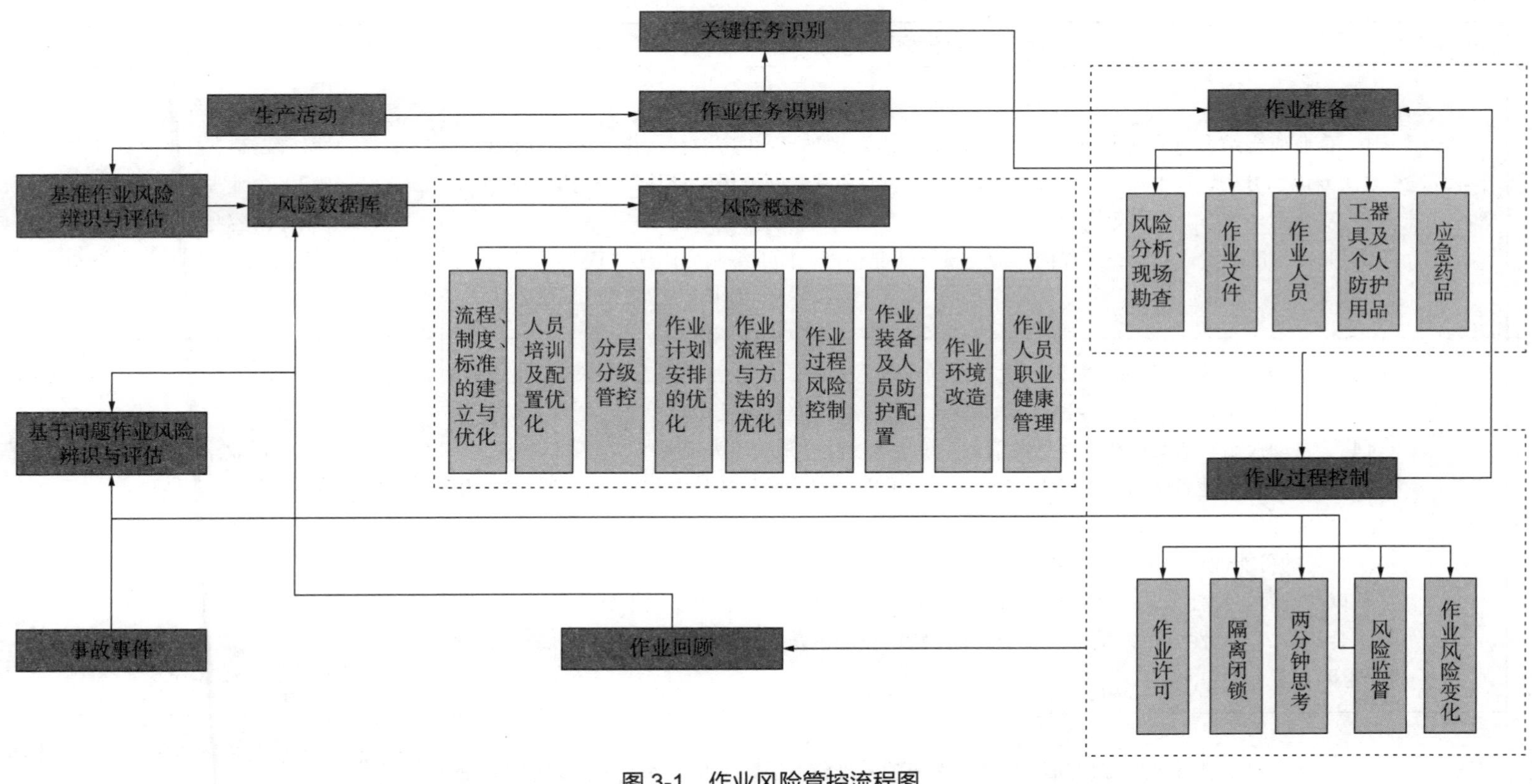

图 3-1　作业风险管控流程图

5. 作业风险管控评价标准（表 3-1）

表 3-1　作业风险管控评价标准

序号	评价流程	评价标准	标准分值	评分标准
1	作业风险管控标准	（1）企业应当结合自身实际制定作业风险管控制度标准，至少应包括：作业风险评估和关键任务识别方法、作业准备、作业过程控制、基准和基于问题风险评估结果与应用、作业风险变化管理、作业回顾等内容。 （2）制度标准职责应明确，工作内容应与实际情况相符，标准编制应体现“5W1H”	4	（1）企业未结合实际制定作业风险管控制度标准，扣 4 分。 （2）企业制度标准职责不明确、工作内容与实际情况不相符、内容编制“5W1H”不明确，每项扣 1 分
2	作业任务识别	（1）企业应基于生产活动全面识别生产活动中经常性、重复性和非常态、新的作业任务，并建立作业任务清单。如：线路运检、带电作业、变电巡检、变电检修、继电保护、高压试验、自动控制、辅助检修、信息通信、系统运维、化学试验、海缆运维、直升机作业等。 （2）企业应对作业任务开展关键任务识别，对识别出的关键任务建立相应的作业文件。识别过程应考虑： 1）将来的可能性：任务可能导致伤害、损失、污染。 2）以往的经验：任务在以往曾经导致伤害、损失、污染、未遂、重复发生概率。 3）合法性 / 关键性分析：是否需要资质证 / 特定技能，是否是新的或不常做的任务，是否是危险任务	4	（1）企业未开展作业任务识别，扣 4 分。 （2）企业未开展关键任务识别，扣 4 分；作业任务每少一项扣 1 分，工种识别每少一项扣 1 分
3	基准作业风险评估	企业应每年开展覆盖所有专业班组和现场作业的基准作业风险评估，作业风险评估应保证全员参与	4	企业未开展基准作业风险评估，扣 4 分；风险评估每缺一项作业扣 1 分

表 3-1（续）

序号	评价流程	评价标准	标准分值	评分标准
4	作业风险数据库	企业应基于作业风险评估结果，建立作业风险数据库。作业风险数据库应包含： 1）作业任务及主要作业步骤。 2）危害名称及信息描述。 3）风险的种类与范畴。 4）产生风险的条件及风险后果信息。 5）风险值及对应的风险等级。 6）可能暴露于风险的人员、设备及其他信息。 7）现有及建议控制措施。 8）措施的经济性和有效性判断	4	企业未建立作业风险数据库扣4分；风险数据库内容缺失，每项扣1分
5	作业风险概述建立	（1）企业应基于作业基准风险评估，建立作业风险概述。概述应包括： 1）作业风险数据分析概况。 2）面临的主要风险。 3）作业风险管控方法及其有效性。 4）需要进一步采取的措施。 （2）企业应每年通过正式文件公布作业风险概述及风险库，当作业风险发生变化能够动态更新，保持最新有效状态，使员工能及时获取并使用	4	（1）企业未编制作业风险概述，扣4分；概述内容缺失，每项扣1分。 （2）企业未正式公布风险概述及风险库，扣4分；作业风险未动态更新或更新不及时，扣2分
6	作业风险概述应用	企业应将作业风险概述应用于： 1）作业风险管控流程、制度、标准的建立与优化。 2）分层分级管控策略的制定与优化。 3）作业人员培训及人员配置的优化。 4）作业计划安排的优化。 5）作业流程与方法的优化。 6）作业过程风险控制。 7）作业装备及人员防护配置。 8）作业环境改造。 9）作业人员职业健康管理	4	企业未开展作业风险概述应用，扣4分；应用不充分，每项扣1分

表 3-1（续）

序号	评价流程	评价标准	标准分值	评分标准
7	现场勘察、风险分析	（1）作业前企业应组织承包商开展现场勘察，勘察内容应包括：检修（施工）作业需要停电的范围、保留的带电部位、装设接地线的位置、邻近线路、交叉跨越、多电源、自备电源、地下管线设施和作业现场的条件、环境及其他影响作业的危险点，并根据勘察结果开展风险分析与评估。 （2）企业在开展常规作业前应开展作业风险分析，审查基准作业风险库的风险及其控制措施是否与现场风险适宜、充分、有效，必要时制定补充控制措施。开展新作业任务前应重新开展基准作业风险评估。 （3）开展紧急状态下的作业任务前应采用工作安全分析（JSA）对作业进行风险评估，确认主要作业风险，制定控制措施	4	（1）承包商未开展现场勘察，每次扣 2 分；勘查内容不全面，每缺少一项扣 1 分。 （2）企业作业前未开展作业风险分析，每次扣 2 分；未制定控制措施，每次扣 1 分
8	作业文件管理	（1）企业应制定作业文件管控要求，明确作业文件使用范围、填写、审核、检查、统计、回顾等内容。 （2）企业应根据作业任务编制作业文件，如： 1）作业指导书。 2）工作票、操作票。 3）施工或检修方案（应至少包含：组织措施、安全措施、技术措施、环境保护措施等内容）。 4）检查或验收等记录表单。 （3）承包商应根据现场勘察结果，依据作业的危险性、复杂性和困难程度，制定有针对性的施工方案	4	（1）企业未制定作业文件管控要求，扣 2 分；制定的作业文件管控要求不全面，每缺少一个环节扣 1 分。 （2）企业未编制作业文件，扣 2 分；作业文件内容不全，每项扣 1 分。 （3）承包商未根据现场勘察结果制定有针对性的施工方案，每次扣 2 分；方案与现场勘察结果不一致，每项扣 2 分

表 3-1（续）

序号	评价流程	评价标准	标准分值	评分标准
9	作业人员管理	（1）企业应每年组织本单位工作票签发人、工作负责人、工作许可人资格考试，合格后以正式文件公布，公布内容应包括资格范围、有效时间等。 （2）企业作业人员应接受相应的安全生产教育和岗位技能培训，每年接受一次《电力安全工作规程》考试，经考试合格后上岗。 （3）企业应组织承包商提前一个月内开展工作票签发人、工作负责人资格考试。承包商作业人员及管理人员工作前应接受《电力安全工作规程》考试，考试合格后方可参加工作。 （4）企业新员工、实习人员和临时作业人员，应经过安全教育培训后，方可进入现场，并在监护人员监护下参加指定工作。 （5）企业从事特种作业的人员，如起重机械操作、高空作业、焊接、爆破、带电作业人员等，必须取得相应的法定资质，实行持证上岗	6	（1）企业未根据要求开展人员资质管理，扣 4 分；人员资质不符合，每人扣 1 分。 （2）企业作业人员未接受安全生产教育和岗位技能培训，每人扣 2 分，未考试合格上岗，每人扣 1 分。 （3）企业未对承包商开展资格考试，每次扣 2 分。 （4）企业新员工、实习人员和临时作业人员未经过安全教育培训进入现场或无监护参加作业，每次扣 2 分。 （5）企业无证开展特种设备作业，每次扣 2 分
10	生产用具管理	（1）企业应配置合格的安全工器具、作业工器具、个人防护用品（包括工作服、安全帽、安全带、绝缘鞋、防护眼镜等）、安全标识（指现场临时使用的便携式标识）等。 （2）企业应健全特种作业和特种设备作业资格证档案、台账	4	（1）企业未配置工器具及个人用品、安全标识，每项扣 1 分。 （2）企业未健全特种作业和特种设备作业资格证档案、台账，扣 2 分
11	应急管理	企业应基于现场风险配置必需的应急药品，制定现场应急措施	3	企业未配置应急药品，扣 3 分；应急药品配置不全，扣 2 分；未制定应急措施，每项扣 1 分

表 3-1（续）

序号	评价流程	评价标准	标准分值	评分标准
12	进场资质审查	企业应在作业工作许可前核对承包商人员的资质、工器具合格证，检查个人防护用品、施工用具是否满足施工要求	3	企业未核实承包商信息，每次扣2分；信息核对与现场不符，每项扣1分
13	作业许可	企业应建立作业指导书、工作票、操作票、施工或检修方案等作业文件许可程序，并按程序完成许可手续： 1）企业应在作业工作许可手续签名前，工作许可人应对工作负责人就工作票所列安全措施实施情况、带电部位和注意事项进行安全交代。 2）企业应在作业前应召开现场工前会，由工作负责人（监护人）对工作班组所有人员或工作分组负责人、工作分组负责人（监护人）对分组人员进行安全交代。交代内容包括工作任务及分工、作业地点及范围、作业环境及风险、安全措施及注意事项。被交代人员应准确理解所交代的内容，并签名确认。 3）承包商在填写工作票前，应由运行单位对承包商进行书面安全技术交底，并双方签名确认	4	企业未建立作业文件许可程序，扣4分；程序执行不符合，每项扣2分
14	隔离闭锁管理要求	企业应建立必要的隔离闭锁系统。并明确以下管理要求： 1）隔离闭锁方法。 2）作业现场实施隔离闭锁的具体步骤。 3）隔离闭锁装置、锁、钥匙和标识的维护和管理要求。 4）特殊情况下接触隔离闭锁的报告和许可要求	4	企业未建立隔离闭锁系统，扣4分；隔离系统管理内容不全，每项扣2分
15	隔离闭锁技术要求	企业应确保隔离闭锁系统与设备同时投入运行。隔离闭锁系统在运用中必须满足以下要求： 1）使用计算机程序闭锁时应有防止误动的技术措施和管理方法。 2）多项作业涉及同一个闭锁点应进行重复隔离闭锁。 3）隔离闭锁的执行和解除应记录、签字确认并保存记录。 4）特殊情况下解除隔离闭锁，应履行报告和许可程序	4	企业隔离闭锁系统不满足要求，每项扣2分

表 3-1（续）

序号	评价流程	评价标准	标准分值	评分标准
16	隔离闭锁检查	企业应对隔离闭锁系统的运用情况进行检查，确保与要求一致	6	企业未开展隔离闭锁系统的运用情况检查，扣 3 分；检查结果与现场不符，每项扣 1 分
17	“2min”思考法	企业作业人员在开展工作前应运用“2min”思考法对作业任务和步骤中的风险进行分析，清楚面临的主要风险及控制措施执行要求	2	企业人员开展作业前未运用“2min”思考法，每人次扣 1 分；员工不清楚面临的风险及措施，每人次扣 1 分
18	作业风险监督	（1）企业应每月根据作业任务制定下发作业风险监督计划，并能结合作业文件重点检查作业过程中的风险内容与措施，发现作业过程中的问题及时纠正。 （2）企业发现承包商有违章或导致责任事件时，应向承包商发出安全监督通知书并督促问题整改。对经常出现安全问题的承包商，定期进行约谈通报，并纳入履约评价，作为今后的评标考核依据	6	（1）企业未建立任务作业风险监督计划，扣 3 分；未按计划开展，每次扣 2 分；问题未及时纠正或采取措施，每项扣 1 分。 （2）未将承包商发现的问题纳入履约评价作为今后的评标考核依据，扣 3 分
19	规章制度执行	企业作业人员应严格执行安全规程、电气工作票技术规范、电气操作导则、调度操作规程、检修预试规程等制度	4	企业制度执行存在不符合事项，每项扣 2 分
20	高处作业安全管理	（1）企业应建立高处作业安全管理要求（脚手架验收和使用管理），有关作业人员须持证上岗。 （2）高处作业使用的脚手架应由取得相应资质的专业人员进行搭设，特殊情况或者使用场所有规定的脚手架应专门设计。 （3）作业中正确使用合格的全身式安全带，立体交叉作业和使用脚手架等登高作业有动火防护措施和防止落物伤人、落物损坏设备等安全防护措施，用于跨越输电线路的金属脚手架应可靠接地，防止触电	4	（1）企业未制定相关要求，扣 5 分；作业人员未持证上岗，每人次扣 2 分。 （2）搭设的脚手架或使用的登高用具不符合要求，每项扣 2 分。 （3）安全带的使用不规范，相应安全防护措施不到位，每次扣 2 分

表 3-1（续）

序号	评价流程	评价标准	标准分值	评分标准
21	起重管理	（1）企业应制定起重作业管理要求，进行爆破、吊装等危险作业时，应当安排专人进行现场安全管理，确保安全规程的遵守和安全措施的落实。 指挥人员、操作人员应持证上岗，严格执行起重设备操作规程。 （2）企业应做好起重设备维修保养，维修保养单位具备相应资质。 （3）企业在带电设备区或重大物件起吊、爆破时，应制定安全方案，并有专人指挥，落实安全措施，防止触电和损坏运行电气设备	4	（1）企业未制定相关要求，扣4分；安全技术档案和设备台账不齐全，扣2分；作业人员未持证上岗，每人次扣1分。 （2）企业维修保养单位无资质，扣4分。 （3）企业作业过程没有专人进行现场安全管理或现场管理不到位，每次扣2分；作业人员不遵守安全规程和安全措施，每人次扣2分
22	焊接管理	（1）企业使用的电焊机应性能良好，符合安全要求，接线端子屏蔽罩齐全，电焊机接线规范，电源线、焊接电缆与焊机连接处有可靠屏护。金属外壳有可靠的接地（零），一次、二次绕组及绕组与外壳间绝缘良好，一次线长度不超过2～3m，且不得拖地或跨越通道使用。二次线接头不超过3个，连接良好；焊钳夹紧力好，绝缘可靠，隔热层完好。 （2）焊接作业应使用动火工作票，现场的防火措施足够，作业人员按规定正确佩戴个人防护用品。在有限空间作业必须设有防止金属残渣飞溅、掉落引起火灾的措施以及防止烫伤、触电、爆炸等措施	4	（1）企业使用的电焊机存在缺陷，接线不合格，扣2分。 （2）企业焊接作业现场防火措施不到位，作业人员未按规定正确佩戴个人防护用品，每次扣2分
23	有限空间管理	（1）企业应制定有限空间（如电缆隧道、电缆沟、窨井、变压器壳内等）作业管理要求，实行专人监护，并落实防火及逃生等措施。 （2）进入有限空间危险场所作业要先测定氧气、有害气体等气体浓度，符合安全要求方可进入。 （3）在有限空间内作业时要进行通风换气，并保证对有害气体浓度测定次数或连续检测，严禁向内部输送氧气，并符合安全要求和消防规定方可工作。 （4）在金属容器内工作必须使用符合安全电压要求的电气工具，装设符合要求的漏电保护器，漏电保护器、电源联接器和控制箱等应放在容器外面	4	（1）企业未制定有限空间作业相关要求，扣5分；有限空间作业无专人监护，防火及逃生等措施落实不到位，每次扣2分。 （2）进入有限空间危险场所作业前未进行气体浓度测试，每次扣2分；通风和气体浓度监测不合格，每次扣2分。 （3）在金属容器内工作，电气工具和用具使用不符合安全要求，每次扣2分；进行焊接工作时安全措施设置不合格，每次扣2分

表 3-1（续）

序号	评价流程	评价标准	标准分值	评分标准
24	通风系统管理	（1）企业中央空调设计符合国家标准和规范，安装、维修、维护人员应具有专业资格。 （2）企业集中空调通风系统日常运行时空调机房应保持清洁、干燥；冷却（加热）盘管不得出现积尘和霉斑：凝结水盘不得出现漏水、腐蚀、积垢、积尘、霉斑，排水应通畅；冷却塔内部保持清洁，做好过滤、缓蚀、阻垢、杀菌、灭（除）藻等日常性水处理工作；风管管体保持完好无损，风管内不得有垃圾及其他排泄物；检修品能正常开启和使用；各种风口及周边区域不得出现积尘、潮湿、霉斑或滴水现象；加湿、除湿设备不得出现积垢、积尘和霉斑。每年检测不少于一次	4	（1）维护使用人员无资格证或未每年检测，每次扣 2 分。 （2）日常维护不到位，每项扣 2 分
25	承压设备及易燃易爆物品管理	（1）企业现场承压设备应经过定期检验合格，安全附件齐全、完好，材质符合安全要求，承压能力满足系统运行工况。 （2）企业使用的气瓶应无严重腐蚀或严重损伤，定期检验合格，并在检验周期内使用。色标、色环应清晰，安全装置良好，存放符合要求，使用符合安全规定。 （3）企业蓄电池室、油罐室、油处理室等重点场所应使用防爆型照明和通风设备，配备有必要的防爆工具。 （4）企业人员在易爆场所或设备设施及系统上作业时，应严格履行工作许可手续，保持与运行系统的有效隔离，并落实防爆安全措施	6	（1）设备设施和系统存在缺陷，作业工具不符合要求，每项扣 2 分。 （2）承压设备未进行定期检验，安全附件存在问题，每次扣 2 分。 （3）气瓶和安全装置存在严重缺陷，每项扣 2 分；色标、色环存在问题，每项扣 1 分；存放和使用不符合安全要求，每项扣 1 分。 （4）蓄电池室、油罐室、油处理室等重点场所未使用防爆型照明和通风设备，或未配备必要的防爆工具，每次扣 2 分。 （5）在易爆场所或设备设施及系统上作业，未履行工作许可手续，安全措施落实不到位，每次扣 2 分

表 3-1（续）

序号	评价流程	评价标准	标准分值	评分标准
26	安全警示管理	（1）根据作业场所的实际情况和有关规定，在有设备设施检维修、施工、吊装等作业场所，设置明显的安全警戒区域和警示标志，进行危险提示、警示，告知应急措施等。 （2）企业应在设备设施上设置固定的设备名称、编号，在检维修、施工、吊装等作业现场设置临时的警戒区域和警示标志，在检维修现场的坑、井、洼、沟、陡坡等场所设置围栏和警示标志	4	（1）存在危险因素的作业场所和设备设施上未设置明显的安全警戒区域和警示标志，每处扣2分。 （2）安全警示标志设置不规范，每处扣2分
27	作业变化管理	（1）企业作业人员应严格执行工作间断、转移、变更和延期手续。 （2）企业作业人员应在作业过程针对人、设备、工具、环境等因素变化及时实施动态的风险评估，及时调整风险控制措施	8	（1）企业未建立相关手续，扣4分；未执行到位，每项扣2分。 （2）企业未根据变化情况开展动态风险评估，扣4分，未调整措施扣2分
28	基于问题的作业风险评估	（1）企业应基于事故 / 事件暴露的问题、风险监督等发现的问题开展风险评估，并制定风险控制措施，及更新风险数据库。 （2）企业应定期组织安全管理、技术人员、作业人员等进行不安全行为的识别和梳理，建立不安全行为资料库，进行风险分析、登记汇总，并采取措施	3	（1）企业未开展基于问题作业风险评估，扣3分；未制定风险控制措施及更新风险数据库，每次扣1分。 （2）未对本单位不安全行为识别和梳理，扣2分
29	作业回顾	（1）企业作业人员应结合班后会或工作总结会有效对作业风险管控情况进行回顾改进，针对作业过程暴露的问题及新增风险及时对风险库进行更新改进。 （2）企业应每年管理评审时对作业管理进行回顾、调整，对存在的不足进行改进	3	企业未在作业后开展作业回顾，每次扣1分；回顾内容未形成闭环管理，每项扣1分

6. 作业风险评估方法（资料性）

根据作业任务中作业步骤，辨识危害可能引发特定事件的可能性、暴露和结果的严重度，并将现有风险水平与规定的标准、目标风险水平进行比较，确定风险是否可以容忍的全过程，见表 3-2。

表 3-2　作业风险评估表

<table>
<tr><td colspan="8">部门：</td><td colspan="9">班组：</td><td colspan="5">评估时间：</td></tr>
<tr><td rowspan="2">工种</td><td rowspan="2">作业任务</td><td rowspan="2">作业步骤</td><td rowspan="2">危害名称</td><td rowspan="2">危害类别</td><td rowspan="2">危害分布、特性及产生风险条件</td><td rowspan="2">可能导致的风险后果</td><td rowspan="2">细分风险种类</td><td rowspan="2">风险范畴</td><td rowspan="2">可能暴露于风险的人员、设备及其他信息</td><td rowspan="2">现有的控制措施</td><td colspan="4">风险等级分析</td><td rowspan="2">风险等级</td><td rowspan="2">建议采取的控制措施</td><td rowspan="2">控制措施的有效性</td><td rowspan="2">控制措施的成本因素</td><td rowspan="2">控制措施判断结果</td><td colspan="2">建议措施的采纳</td></tr>
<tr><td>后果</td><td>暴露</td><td>可能性</td><td>风险值</td><td>是</td><td>否</td></tr>
<tr><td></td><td></td><td></td><td></td><td></td><td></td><td></td><td></td><td></td><td></td><td></td><td></td><td></td><td></td><td></td><td></td><td></td><td></td><td></td><td></td><td></td><td></td></tr>
<tr><td></td><td></td><td></td><td></td><td></td><td></td><td></td><td></td><td></td><td></td><td></td><td></td><td></td><td></td><td></td><td></td><td></td><td></td><td></td><td></td><td></td><td></td></tr>
<tr><td colspan="22">评估说明：
1. 评估部门：电力生产活动涉及的部门。
2. 班组：电力生产活动涉及的部门内班组。
3. 工种：电力生产活动中专业作业活动的分类。涉及的工种主要有变电运行、检修一次、高压试验、继电保护、控制（自动化）、信息通信、输电运检等。
4. 作业任务：各班组涉及的工作任务类别。
5. 作业步骤：即作业过程按照执行功能进行分解、归类的若干个功能阶段，如“220kV 线路停电操作”可分解为操作准备（包括接令与操作票、工器具的准备）、开关操作、刀闸操作、地刀操作、二次设备操作、安全措施布置、记录与归档等几个步骤。“变压器高压套管更换”可分解为施工准备（包括工作票、工器具、材料准备）、现场安全措施布置、放油、拆除旧套管、安装新套管、接线复位、注油、测量与试验、拆除现场安全措施、记录与归档等几个步骤。在分解作业步骤时避免划分过细，以免增加分析的工作量，一般按照完成一个功能单元进行划分。
6. 危害名称：执行每一步骤中存在的可能危及人员、设备、电网和企业形象的危害的具体称谓，作业中经常面临的危害名称可按《安健环危害因素》（表 3-8）进行选择，表中未涉及的危害一般填写格式为“副词 + 名词或动名词”，如“压力不足的车胎”“有尖角的设备”等。具体辨识危害思路如下：
第一步：识别作业活动接触的物料、能源、设备、环境；
第二步：梳理物料、能源、设备、环境、人之间的相互接触可能会造成哪些人身、设备、环境损失。</td></tr>
</table>

表 3-2（续）

第三步：分析造成上述损失的直接原因（人的不安全行为、物的不安全状态、环境的不安全因素），即为识别出的危害。 7. 危害类别：分为 9 大类，包括：物理危害、化学危害、机械危害、生物危害、人机工效危害、社会 - 心理危害、行为危害、环境危害、能源危害。 8. 危害分布、特性及产生风险条件：对辨识出的危害，在本单位范围内进行普查，确定其存在的数量、位置、时间以及相关的化学或物理特性，即说明在执行同类作业任务时，该危害存在于哪些地方？有多少？什么时间会涉及？该危害的可能重量、强度、长度是多少，等等。 9. 危害可能导致的风险后果：即现存危害可能引起风险的最可能后果，并描述具体结果信息，包括：人身伤残（列明可能的人体伤、残部位）、人身死亡（列明可能的死亡人数）、设备损坏（列明可能损坏的设备或部件、损失的金额）、事故 / 事件（列明可能导致的事故 / 事件等级）、健康受损（列明涉及人员的生理和心理上的可能影响）、环境污染 / 破坏（列明污染 / 破坏的环境区域和范围）、供电中断，形象受损（列明可能造成受影响的范围）。 10. 细分风险种类与风险范畴：导致风险的原因及对应的类别见《安全生产风险分类目录表》（表 3-9）。 11. 可能暴露于风险的人员、设备及其他信息：即对所评估出的作业风险，确定执行所评估的作业任务涉及的人员数量、作业时间频率、影响的设备或电网范围等。 12. 现有的控制措施：根据确定的风险和风险涉及的人员、设备暴露情况，查找目前已有的控制措施： 在日常管理中应该履行的工作要求，如：培训、定期检查、任务观察等；在进行现场作业应遵守的安全要求和应布置的安全措施，如：安全技术交底、监护、核对设备名称、信息报告、设置警示牌或告示牌、戴绝缘手套、停电、验电、装设接地线、设置围栏、执行“两票”、使用前检查等。 13. 风险等级分析：进行风险等级分析时需考虑 3 个因素：由于危害造成可能事故的后果；暴露于危害因素的频率；完整的事故顺序和发生后果的可能性。 风险评估公式：风险值 = 后果（S）× 暴露（E）× 可能性（P） 在使用公式时，根据现有的基础数据和风险评估人员的判断与经验确定每个因素分配的数字等级或比重。 14. 后果：由于危害造成事故的最可能结果，可借鉴电力系统内同类型作业任务中出现过的情况（表 3-3）。 15. 暴露：危害引发最可能后果的事故序列中第一个意外事件发生的频率，仅限于本班组管辖范围内的作业活动、设备设施和环境中出现意外事件的频率（表 3-4）。 16. 可能性：即一旦意外事件发生，随时间形成完整事故顺序并导致结果的可能性，可能性取值以公司范围内的事故事件、异常未遂情况为参考（表 3-5）。 17. 风险等级：根据计算得出的风险值，可以按下面关系式确认其风险等级和应对措施。风险等级可分为“特高”“高”“中”“低”“可接受”。 特高的风险：风险值≥ 400，考虑放弃、停止； 高风险：200 ≤风险值< 400，需要立即采取纠正措施； 中等风险：70 ≤风险值< 200，需要采取措施进行纠正； 低风险：20 ≤风险值< 70，需要进行关注； 可接受的风险：风险值< 20，容忍。

表 3-2（续）

18. 建议采取的控制措施：对评估结果中风险值≥70 的，应提出控制风险的措施建议，控制措施建议可从管理措施和工程技术措施两个方面提出，优先考虑工程技术措施。 19. 控制措施的有效性：是估计提议的控制措施消除或减轻危险的程度，按照表 3-6 进行选择相应等级。 20. 措施成本因素：根据所提出的建议措施，估计可能需要花费的成本并对应表 3-7 选择相应等级。 21. 措施判断结果（只适用 PES 法进行的评估）：计算出具体的判断数值。计算公式如下： $$判断（J）=\frac{风险值}{成本因素\times纠正程度}$$ 判断（J）≥10，预期的控制措施的费用支出恰当； 判断（J）<10，预期的控制措施的费用支出不恰当。 22. 建议的措施是否采纳：在"是"或"否"栏根据判断结果以及现场的可操作性、适宜性、资源情况等综合进行判别后确定。

表 3-3　后果的严重程度

序号	程度描述		分值
1	安全	造成人身较大及以上事故（死亡≥3 人；或重伤≥10 人）； 造成设备较大及以上事故（直接经济损失≥1000 万元）； 造成较大及以上电力安全事故	100
	健康	造成 3～9 例无法复原的严重职业病； 造成 9 例以上很难治愈的职业病	
	环境	造成大范围环境破坏； 造成人员死亡、环境恢复困难； 严重违反国家环境保护法律法规	
	社会影响	受国家级媒体负面曝光； 受上级政府主管部门处罚或通报	
2	安全	造成人身一般事故（死亡 1～2 人；或重伤 1～9 人）； 造成设备一般事故（直接经济损失≥100 万元～<1000 万元）； 造成一般电力安全事故	50

表 3-3（续）

序号	程度描述		分值
2	健康	造成 1～2 例无法复原的严重职业病； 造成 3～9 例以上很难治愈的职业病	50
	环境	造成较大范围的环境破坏； 影响后果可导致急性疾病或重大伤残，居民需要撤离； 政府要求整顿	
	社会影响	受省级媒体或信息网络负面曝光； 受南方电网公司处罚或通报	
3	安全	造成人身一级事件（轻伤≥ 5 人）； 造成设备一级事件（直接经济损失≥ 50 万元～＜100 万元）； 造成电力安全一级事件	25
	健康	造成 1～2 例难治愈的职业病或造成 3～9 例可治愈的职业病； 造成 9 例以上与职业有关的疾病	
	环境	影响到周边居民及生态环境，引起居民抗争	
	社会影响	受地市级媒体负面曝光或相关方人员集体联名投诉； 受公司处罚或通报	
4	安全	造成人身二级事件（轻伤 3～4 人）； 造成设备二级事件［直接经济损失≥ 25 万元～50 万元］； 造成电力安全二级事件	15
	健康	造成 1～2 例可治愈的职业病； 造成 3～9 例与职业有关的疾病	
	环境	对周边居民及环境有些影响，引起居民抱怨、投诉	
	社会影响	受县区级媒体负面曝光或大量人员投诉； 受本单位内部处罚或通报	

表 3-3（续）

序号	程度描述		分值
5	安全	造成人身三级事件（轻伤 2 人）； 造成设备三级事件（直接经济损失在≥ 10 万元～＜25 万元）； 造成电力安全三级事件	5
	健康	造成 1～2 例与职业有关的疾病； 造成 3～9 例有影响健康的事件	
	环境	轻度影响到周边居民及小范围（现场）生态环境	
	社会影响	少量相关方人员投诉； 受本单位内部批评	
6	安全	造成人身四级事件（轻伤 1 人）； 造成设备四级及以下事件（直接经济损失在 10 万元以下）； 造成电力安全四级及以下事件	1
	健康	造成 1～2 例有健康影响的事件	
	环境	对现场景观有轻度影响	
	社会影响	个别相关方人员投诉	

表 3-4　引发事故序列的第一个意外事件发生的频率

序号	安全、环境、社会影响	职业健康	分值
1	持续（每天许多次）	暴露期大于 2 倍的职业接触极限值	10
2	经常（大概每天一次）	暴露期介于 1～2 倍职业接触极限值之间	6
3	有时（从每周一次到每月一次）	暴露期在职业接触极限值内	3
4	偶尔（从每月一次到每年一次，不包括每月一次）	暴露期在正常允许水平和职业接触极限值之间	2
5	很少（据说曾经发生过）	暴露期在正常允许水平内	1
6	特别少（没有发生过，但有发生的可能性）	暴露期低于正常允许水平	0.5

表 3-5　事故序列发生的可能性

序号	安全、环境、社会影响	职业健康	分值
1	如果危害事件发生，即产生最可能和预期的结果（100%）	频繁：平均每 6 个月发生一次	10
2	十分可能（50%）	持续：平均每年发生一次	6
3	可能（25%）	经常：1～2 年发生一次	3
4	很少的可能性，据说曾经发生过	偶然：3～9 年发生一次	1
5	相当少但确有可能，多年没有发生过	很难：10～20 年发生一次	0.5
6	百万分之一的可能性，尽管暴露了许多年，但从来没有发生过	罕见：几乎从未发生过	0.1

表 3-6　措施的有效性

序号	纠正程度	等级
1	肯定消除危害，100%	1
2	风险至少降低 75%，但不是完全	2
3	风险降低 50%～＜75%	3
4	风险降低 25%～＜50%	4
5	对风险的影响小（低于 25%）	6

表 3-7　措施的成本因素

序号	成本因素	等级
1	超过 500 万元	10
2	＞100 万元～≤500 万元	6
3	＞50 万元～≤100 万元	4
4	＞10 万元～≤50 万元	3

表 3-7（续）

序号	成本因素	等级
5	＞5 万元～≤10 万元	2
6	≥1 万元～≤5 万元	1
7	1 万元以下	0.5

表 3-8　安健环危害因素

危害类别	可能的危害因素
物理危害	噪声
	振动
	容易碰撞的设备、设施
	有缺陷的设备、设施或部件
	不平整的地面
	高温
	低温
	尖锐的物体
	锋利的刀具
	质量不合格的工器具
	陡的山路
	电磁辐射
化学危害	SF_6 气体及其分解物
	强酸、强碱
	甲醛气体

表 3-8（续）

危害类别	可能的危害因素
化学危害	挥发的油漆
	铅
	热镀中的锡蒸气
	残余的有机磷
	电焊中的锰蒸气
	电缆外壳燃烧产生的有害气体
	试验中产生的有害气体
	打印机、复印机排出的有害气体
	CO_2、CO、NO 、SO、HS
生物危害	细菌
	有毒的植物
	昆虫（蜜蜂等）
	狗
	蛇
	霉菌
	病毒
人机工效危害	设计差、不方便使用的工具
	狭小的作业空间
	重复运动
	人工运输或处理
	繁琐的设计或技术

表 3-8（续）

危害类别	可能的危害因素
人机工效危害	过于发力
	差的接触面
	不符合习惯的信息
	不方便搬运物品的通道
	不方便操作的设备
	光线不合理
	空气质量不合格
	作业环境有噪声
	作业环境有震动
社会 - 心理危害	监视的压力
	失意
	胁迫
	工作压力
	社会福利问题
	危险的工作
	与同事关系不好
	家庭不和睦
行为危害	误操作
	喜怒无常的行为
	缺乏技能
	缺乏经验

表 3-8（续）

危害类别	可能的危害因素
行为危害	不按规定使用安全工器具 / 个人防护用品
	不按规定程序作业
	超速驾驶
	疲劳工作
	酒后作业
环境危害	反常的环境
	高温
	限制空间
	照明不足
	阴霾
环境危害	灰尘
	潮湿
	暴雨
能源危害	电
	高处的物体
	高处作业
	高压力
	台风
	雷电

表 3-8（续）

危害类别	可能的危害因素
机械危害	滚动的物体
	转动的设备
	滑动的物体

表 3-9 安全生产风险分类目录表

风险范畴	细分种类	归类说明
人身风险	坠落	高空、坑洞、坡崖坠落等风险
	外力外物致伤	割伤、扭伤、挫伤、擦伤、刺伤、撕折伤、冲击、挤压等物理致伤和动物咬伤等风险
	触电	工频电压触电、感应电触电、剩余电荷触电和受雷击等风险
	烧、烫伤	电弧烧伤、火焰烧伤、化学灼伤和高温烫伤等风险
	中毒	气体中毒、食物中毒、蛰咬中毒等所致的风险
	窒息	密闭场所窒息、压埋窒息、淹溺窒息等风险
电网风险	减供负荷	对用户停电的风险
	电能质量不合格	电压越限、频率越限和波形畸变等风险
	系统失稳	电压失稳、频率失稳、功角失稳和低频振荡等风险
	非正常解列	电网非正常解列的风险

表 3-9（续）

风险范畴	细分种类	归类说明
设备风险	设备损坏	爆炸、烧毁、绝缘击穿、电气短路或外力、自然灾害等造成设备损坏的风险
	设备性能下降	设备虽然继续运行但性能下降的风险
	被迫停运	因设备存在缺陷被迫停运的风险
环境风险	环境污染	电力生产活动所引起大气污染、水体污染、土壤污染、电磁污染、噪声污染、光污染等风险
	生态破坏	电力生产活动所引起的地质灾害、植被破坏等风险
职业健康风险	职业病	在生产过程中，因接触粉尘、放射性物质和其他有毒、有害物质等因素而引起疾病的风险（具体参见《职业病目录》）
	职业性疾病	冻伤、电磁辐射和人机功效不良等所致疾病的风险
	公共卫生	食物中毒、传染性疾病等风险
社会影响风险	社会安全	大面积停电、重要用户停电、电力供应危机等引起的社会安全风险
	法律纠纷	供电纠纷、民事纠纷等风险
	声誉受损	媒体负面报道、相关方投诉和上级单位、政府部门通报等引起的声誉受损风险
	群体事件	集体上访、聚众闹事等群体事件引起社会影响风险
注：社会影响风险指因人身、电网、设备、环境与职业健康等方面风险衍生的风险。		

7. 关键任务识别方法（资料性）

关键任务识别见表 3-10。

表 3-10　关键任务识别

<table>
<tr><td colspan="5">部门：</td><td colspan="8">区域（专业）：</td><td colspan="6">日期：</td></tr>
<tr><td colspan="19">分析要点：
（1）关键任务识别的任务名称应与区域内风险评估的任务名称一致；
（2）将来的可能性和以往的经验评估：
· 0= 无（完全没有人员伤害，质量、生产环境或其他财产损失在 1000 元以下；10 年以上未发生未遂；完全未重复发生过）；
· 1= 低（人员伤害需要现场包扎处理；财产损失 ≥ 1000 元 ~ <1 万元；少于 5L 的泄漏然后自己清除干净的环境事件；10 年内发生过 1 次未遂；曾经重复发生过，10 年内没有重复发生）；
· 2= 中（人员伤害需要送医院治疗，不需要住院；财产损失在 ≥ 1 万元 ~ <10 万元；多于 5L 的泄漏并找别人帮助清除的环境事件；10 年内发生过几次未遂；每几年会重复发生一次）；
· 3= 高（人员伤害需要住院治疗；财产损失在 ≥ 10 万元 ~ <100 万元；大量泄漏，清除要花大量成本的环境事故；每年发生几起未遂；每年都会重复发生）；
· 4= 非常高（造成人员死亡；财产损失在 100 万元及以上；灾难性环境事故，影响经营，对企业形象造成严重影响等；每月发生 2 起以上未遂；每月都会重复发生）。
（3）合法性 / 关键性分析：
· 若执行的任务需要取得国家、行业相应的资质证件或资格考试（包括每年的安全规程考试）；或执行的任务是从未做过或很少执行的，则在“是否需要资质证 / 特定技能、是否是新的或不常做的任务”栏选择“是”，即为 4 分；
· 若执行的任务可能引发电网、设备或人身事故，则“是否是危险任务”栏选择“是”，即为 4 分。
（4）基于分析的结果，进行任务关键性（或危险性）的确认：判断值（J）＝将每个因素的得分相加，如果 J > 15，则为关键任务</td></tr>
<tr><td rowspan="3">序号</td><td rowspan="3">任务名称</td><td colspan="3">将来的可能性</td><td colspan="5">以往的经验</td><td colspan="4">合法性 / 关键性分析</td><td rowspan="3">总分</td><td colspan="2" rowspan="2">是否属于关键任务</td><td rowspan="3">若是关键任务，对应的作业文件名称</td><td rowspan="3">负责编写人</td></tr>
<tr><td colspan="3">任务可能导致</td><td colspan="5">任务在以往曾经导致</td><td colspan="2">是否需要资质证 / 特定技能；是否是新的或不常做的任务</td><td colspan="2">是否是危险任务</td></tr>
<tr><td>伤害</td><td>损失</td><td>污染</td><td>伤害</td><td>损失</td><td>污染</td><td>未遂</td><td>重复发生机率</td><td>是＝4</td><td>否＝0</td><td>是＝4</td><td>否＝0</td><td>是</td><td>否</td></tr>
<tr><td></td><td></td><td></td><td></td><td></td><td></td><td></td><td></td><td></td><td></td><td></td><td></td><td></td><td></td><td></td><td></td><td></td><td></td><td></td></tr>
<tr><td></td><td></td><td></td><td></td><td></td><td></td><td></td><td></td><td></td><td></td><td></td><td></td><td></td><td></td><td></td><td></td><td></td><td></td><td></td></tr>
<tr><td></td><td></td><td></td><td></td><td></td><td></td><td></td><td></td><td></td><td></td><td></td><td></td><td></td><td></td><td></td><td></td><td></td><td></td><td></td></tr>
</table>

表 3-10（续）

填写说明：

1. 列出每一工种的所有任务清单。

2. 对识别的每一任务分析，要基于本部门任务损失的可能性、过去的经验及合法性 / 关键性分析，并按照它们的危险程度进行分类。

（1）将来的可能性：这个任务如果没有正确执行，将来是否可能导致重大损失，包括：伤害、损失、环境污染；

（2）过去的经验：在过去执行这个任务时，是否因为没有正确执行而导致伤害、损失、环境污染事件，另外还要考虑未遂率和曾重复发生的机率；

（3）合法性 / 关键性分析：是否需要资质证 / 特定技能、是否是新的或不常做的任务，是否是危险任务。

3. 伤害、损失的严重性、环境污染程度和未遂率、重复率及危险性和合法性 / 关键性分析方法如下：

（1）将来的可能性和以往的经验评估：

· 0= 无（完全没有人员伤害，质量、生产环境或其他财产损失在 1000 元以下；10 年以上未发生未遂；完全未重复发生过）。

· 1= 低（人员伤害需要现场包扎处理；财产损失在≥ 1000 元 ~ <1 万元；少于 5L 的泄漏然后自己清除干净的环境事件；10 年内发生过 1 次未遂；曾经重复发生过，10 年内没有重复发生）。

· 2= 中（人员伤害需要送医院治疗，不需要住院；财产损失在≥ 1 万元 ~ <10 万元；多于 5L 的泄漏并找别人帮助清除的环境事件；10 年内发生过几次未遂；每几年会重复发生一次）。

· 3= 高（人员伤害需要住院治疗；财产损失在≥ 10 万元 ~ <100 万元；大量泄漏，清除要花大量成本的环境事故；每年发生几起未遂；每年都会重复发生）。

· 4= 非常高（造成人员死亡；财产损失在 100 万元及以上；灾难性环境事故，影响经营，对企业形象造成严重影响等；每月发生 2 起以上未遂；每月都会重复发生）。

（2）合法性 / 关键性分析：

· 若执行的任务需要取得国家、行业相应的资质证件或资格考试（包括每年的安全规程考试）；或执行的任务是从未做过或很少执行的，则在“是否需要资质证 / 特定技能、是否是新的或不常做的任务”栏选择“是”，即为 4 分。

· 若执行的任务可能引发电网、设备或人身事故，则“是否是危险任务”栏选择“是”，即为 4 分。

（3）基于分析的结果，进行任务关键性（或危险性）的确认：

· 判断值（J）＝将每个因素的得分相加，如果 $J>15$，则为关键任务。

4. 各部门在关键任务识别过程中应考虑：

· 法律法规和电力行业标准的要求；

· 员工的意见；

表 3-10（续）

· 公司系统内曾经发生的事故 / 事件； · 专业工作特点； · 现行的管理和作业方法； · 管理、作业流程之间的相互影响； · 现场设备和接线方式的变化

8. 作业风险分层分级监督职责及到位计划（资料性）

作业风险分层分级监督职责及到位计划见表 3-11 和表 3-12。

表 3-11 作业风险分层分级监督职责

序号	电网风险级别	其他各类风险级别	到位层级	现场监督到位人员	监督到位方式
1	Ⅰ级风险（红色）	Ⅰ级风险（特高）	企业主要负责人，分管领导；职能部门。 基层单位主要负责人，分管领导；职能部门；相关生产部门及班组	企业主要负责人和分管领导	飞行检查或抽查
				企业职能部门主任、科长或专责	安全督查
				基层单位主要负责人和分管领导	安全督查
				基层单位职能部门主任或专责	安全督查
				生产部门主任或专责	任务观察
				班组长或安全员	任务观察
2	Ⅱ级风险（橙色）	Ⅱ级风险（高）	企业分管领导；职能部门。 基层单位主要负责人，分管领导；职能部门；相关生产部门及班组	企业分管领导	飞行检查或抽查
				企业职能部门主任、科长或专责	飞行检查或抽查
				基层单位主要负责人和分管领导	飞行检查或抽查
				基层单位职能部门主任或专责	安全督查
				生产部门主任或专责	任务观察
				班组长或安全员	任务观察

表 3-11（续）

序号	电网风险级别	其他各类风险级别	到位层级	现场监督到位人员	监督到位方式
3	Ⅲ级风险（黄色）、Ⅳ级风险（蓝色）	Ⅲ级风险（中）	企业职能部门。 基层单位分管领导；职能部门；相关生产部门及班组	企业职能部门主任、科长或专责	飞行检查或抽查
				基层单位分管领导	飞行检查或抽查
				基层单位职能部门主任或专责	飞行检查或抽查
				生产部门主任或专责	安全督查
				班组长或安全员	任务观察
4	Ⅴ级风险（白色）	Ⅳ级风险（低）	基层单位相关生产部门及班组	生产部门主任或专责	飞行检查或抽查
				班组长或安全员	抽查
5	Ⅵ级风险	Ⅴ级风险（可接受）	基层单位相关生产班组	班组长或安全员	抽查

表 3-12　作业风险综合评估与监督到位计划表

开始时间	结束时间	工作内容	停电电网风险等级（根据月度运行方式明确）	停电电网风险等级量化值	以往同类检修过程发生事故/事件情况（涉及多种情况时，选取最高分值）	以往同类检修过程发生事故/事件情况量化值	检修作业复杂程度（涉及多种情况时，选取最高分值）	检修作业复杂程度量化值	检修工作成员作业熟练程度	检修工作成员作业熟练程度量化值	检修工作成员连续工作时间	检修工作成员连续工作时间量化值	检修工作成员数量	检修工作成员数量量化值	检修作业风险量化值	检修作业风险等级	现场到位层级	高层领导		职能部门与基层单位领导		基层单位职能部门		相关生产部门		相关班组		人员到位情况
																		到位人员	到位方式	到位人员	到位方式	到位人员	到位方式	到位人员	到位方式	到位人员	到位方式	

作业风险综合评定标准见表 3-13。

表 3-13　作业风险综合评定标准

现场作业风险监督根据检修作业风险实施分层分级到位管控。检修作业风险根据停电电网风险等级、以往同类检修过程发生事故事件情况、检修作业复杂程度、检修工作成员作业熟练程度、检修工作成员连续工作时间及检修作业人员数量相结合的"六维度"量化值，评估对应的检修作业风险等级（Ⅰ级、Ⅱ级、Ⅲ级、Ⅳ级、Ⅴ级）

1. 量化评估公式：

检修作业风险量化值（M）=【停电电网风险等级量化值】+【以往同类检修过程发生事故事件情况量化值】+【检修作业复杂程度量化值】+【检修工作成员作业熟练程度量化值】+【检修工作成员连续工作时间量化值】+【检修工作成员数量量化值】

2. 量化取值如下：

（1）停电电网风险等级量化

序号	停电电网风险等级	取值
1	Ⅰ级风险（红色）	14
2	Ⅱ级风险（橙色）	12
3	Ⅲ级风险（黄色）	10
4	Ⅳ级风险（蓝色）	8
5	Ⅴ级风险（白色）	6
6	Ⅵ级风险	4

（2）以往同类检修过程发生事故事件情况量化

序号	以往同类检修过程发生事故事件情况	取值
1	超高压公司 5 年内同类检修过程曾经发生过事故	14
2	南方电网系统内 3 年内同类检修过程曾经发生过事故	14
3	本单位 3 年内同类检修过程曾经发生过事件	10
4	本单位 3 年内同类检修过程曾发生过未遂	6
5	本单位 3 年内同类检修过程未曾发生过事件或未遂	0

表 3-13（续）

（3）检修作业复杂程度量化

序号	检修作业复杂程度	取值
1	涉及 3 个及以上变电检修区域（指空间上相互隔离的工作地点）	10
2	涉及 2 条及以上线路检修	10
3	涉及多方协调配合的带电试验	10
4	在运行的二次回路上检修预试（测量电压等不改变二次回路状态的工作除外）	10
5	涉及带电作业（指线路专业的带电作业）	8
6	涉及特种设备（如吊车、高位作业车及绞磨机等）	8
7	涉及高空作业或线路杆塔倾斜、边坡基础处理	8
8	涉及外来施工人员	6
9	涉及 1～2 个变电检修区域或 1 条线路检修	5
10	简单维护定检（如取油样、换硅胶、定值更改、参数读取等）	2

（4）检修工作成员作业熟练程度量化

序号	检修工作成员作业熟练程度	取值
1	所有工作成员参加工作以来从未开展过此类工作	14
2	所有工作成员近 1 年来未开展过此类工作	10
3	50% 及以上的工作成员近 1 年来未开展过此类工作	8
4	50% 以下的工作成员近 1 年来未开展过此类工作	6
5	所有工作成员近 1 年来开展过 1～2 次此类工作	4
6	所有工作成员每年开展过 3 次及以上此类工作	2

（5）检修工作成员连续工作时间量化

序号	检修工作成员连续工作时间	取值
1	所有工作成员已经或即将以每天超 10h 连续 3d 及以上开展检修工作	14
2	50% 及以上的工作成员已经或即将以每天超 10h 连续 3d 及以上开展检修工作	10
3	50% 以下的工作成员已经或即将以每天超 10h 连续 3d 及以上开展检修工作	8
4	所有工作成员即将以每天不超过 10h 间歇式开展检修工作	3

表 3-13（续）

（6）检修工作成员量化		
序号	检修工作成员数量	取值
1	工作成员＞ 15	15
2	10 ＜工作成员≤ 15	10
3	5 ＜工作成员≤ 10	6
4	工作成员≤ 5	3

分级管控到位检查执行见表 3-14。

表 3-14　________变电站（串补站、输电线路）现场作业分级管控到位检查执行表

工作任务：

分层	作业类别	管控内容	检查结果	发现问题及改进意见
局领导层	管理类	现场部门负责人熟悉方案中的具体内容，掌握作业风险措施		
		现场作业方案中的“三措”满足工作要求		
		职能部门人员按要求到位		
		生产部门负责人按要求到位		
		现场作业过程控制到位，且不存在监护死角		
	执行类	现场作业人员严格执行本次作业表单		
		本次现场作业风险预控措施有效落实		
到位时间：　　　　年　　月　　日　　　　签名：				

表 3-14（续）

分层	作业状态	作业类别	管控内容	检查结果	发现问题及改进意见
生产部门层	作业前	管理类	现场作业方案已审批，方案变更后已重新履行审批		
			工作负责人已组织开展班前、班后会		
			工作负责人已对工作班员进行工作票宣读及安全注意事项交代		
			当值运行人员熟悉方案具体内容，掌握风险及管控措施		
			现场作业人员已熟悉掌握方案中的关键作业步骤、危险点辨识及预控措施		
		执行类	变电运行值班人员 / 输电总工作负责人已严格执行作业前现场许可表单		
			【外来施工】现场已具备办理好的各类资质审查及外来人员进站（进场）施工手续		
			【外来施工】现场已按要求开展安全教育，且安全教育记录内容与工作实际相符合		
			【外来施工】现场已按要求开展安全技术交底，且内容正确、完备		
	作业中	管理类	现场作业使用的仪器、安全工器具及安全用具均合格、有效		
			现场工作负责人 / 监督人员严格履职，不存在监护死角		
			作业人员分工合理		
		执行类	现场作业风险预控措施已有效落实		
			变电运行值班人员 / 输电总工作负责人严格执行作业现场管控到位检查表单		
			现场作业人员已严格执行本次检修作业表单		
			现场作业与方案中的工作范围、工作内容及安全措施相一致，满足现场工作实际		
			【外来施工】现场跟踪人员开展全程作业风险管控与监督，并逐项落实《外来施工人员现场作业风险控制措施表》中的每项风险控制措施，确保风险管控闭环		
	作业后	执行类	现场作业人员已严格执行作业后现场验收表单		
			临时安全措施已恢复完好		
到位时间：　　　年　　月　　日　　签名：					

表 3-14（续）

分层	作业状态	作业类别	管控内容	检查结果	发现问题及改进意见
职能部门层	作业前	管理类	现场作业方案已审批，方案变更后已重新履行审批		
			作业总负责人、站长、专责熟悉方案具体内容、主要风险及管控措施		
			现场作业人员熟悉方案中的关键作业步骤、主要危险点辨识及预控措施		
		执行类	变电运行值班人员 / 输电总工作负责人已严格执行作业前现场许可表单		
			【外来施工】现场已具备办理好的各类资质审查及外来人员进站（进场）施工手续		
			【外来施工】现场已按要求开展安全教育，且安全教育记录内容与工作实际相符合		
			【外来施工】现场已按要求开展安全技术交底，且内容正确、完备		
	作业中	管理类	生产部门相应管理人员已按要求到位		
			现场工作负责人 / 监督人员严格履职，不存在监护死角		
			现场作业使用的仪器、安全工器具及安全用具均合格、有效		
			作业人员分工合理		
		执行类	现场作业组织措施、安全措施及技术措施与批准的方案相一致		
			变电运行值班人员 / 输电总工作负责人严格执行作业现场管控到位检查表单		
			现场作业风险预控措施已有效落实		
			现场作业人员严格执行本次检修作业表单		
			【外来施工】现场跟踪人员开展全程作业风险管控与监督，并逐项落实《外来施工人员现场作业风险控制措施表》中的每项风险控制措施，确保风险管控闭环		
	作业后	执行类	现场作业人员已严格执行作业后现场验收表单		
			临时安全措施已恢复完好		
到位时间：　　　　年　　月　　日　　　　签名：					
注 1：按照表中的每项作业管控内容进行逐一检查，若执行到位在检查结果栏内打“√”；若本次工作不涉及项划“/”。 注 2：按照表中的每项作业管控内容进行逐一检查，若执行不到位的在检查结果栏内打“×”，并填写发现问题及改进意见。					

任务观察记录见表 3-15。

表 3-15　任务观察记录表

任务观察人员：				被观察部门 / 班（站、所）：		
作业任务：				时间：　　　年　　月　　日		
任务观察类别：□全面观察　　　□局部观察				观察时长：		
观察目的	□实行新的作业任务或作业办法			□作业技能培训后		
	□中、高风险的关键作业任务			□安全表现好或差的员工		
	□事故 / 事件分析或统计结果反映出的突出问题			□上月任务观察统计分析结果表明的趋势和问题		
	□新上岗员工的作业			□其他		
观察内容和记录						
人员的反应□	人员的位置□	个人防护装备 □	工具与设备 □	作业程序与标准□	作业环境 □	人机工效 □
观察到的人员异常反应： □补充接上地线 □补充挂标识牌 □停止正常工作 □重新安排工作 □改变原来的位置 □调整个人防护装备 □其他	员工的工作位置是否存在危险： □可能被坠落物打击 □陡坡、靠近悬崖等，可能坠落 □身体某部位可能触电 □身体某部位可能被撞击 □身体某部位可能被挤压或夹住 □可能被地面物体绊倒或滑倒 □接触危险化学品 □可能吸入有毒有害物 □其他	员工是否正确使用： □头部：不戴安全帽 □眼部：不戴安全眼镜或眼罩 □耳部：不戴耳塞或耳罩 □脸部：不戴面罩 □呼吸防护：不戴呼吸器 □手和手臂：不戴安全手套 □腿和脚部：不穿安全鞋或靴 □躯干：不穿劳保工作服 □坠落防护：不用安全带及系绳 □其他	员工所使用的工具、设备： □未正确使用、操作工具、设备 □工具或设备状况不良、本身不安全 □工具、设备超出检验期限 □工具或设备型号不正确 □工具、设备不适合该项作业 □其他	作业涉及的程序、标准、作业指导书等： □程序、标准、作业指导书不是最新版本 □程序、标准、作业指导书不具备可操作性 □没有建立程序、标准、作业指导书 □没有遵照执行程序、标准、作业指导书 □没有申请工作许可 □没有应急程序与装备 □工作两端没有按照要求正确装设接地线 □作业程序与标准不可获取 □人员沟通措施不到位 □是否有应急程序与装备 □在进行危险气体测试 □其他	作业环境与场所： □工作地点临近带电体 □工作地点临近感应电场 □高空作业 □人口密集区域作业 □刀闸没有明显断开点 □隔离开关没有挂牌 □隔离开关操作把手没有锁住 □没有正确布置围栏（遮拦） □作业区域物料及工具摆放杂乱 □工作区域有障碍物和斜放物体 □应急通道有障碍物 □处在大厅或过道上 □在楼梯或平台上 □其他	操作、检修和办公环境不符合人机工程学原则： □密闭场地（隧道，变压器内部）作业 □搬运负荷过重 □工具和把手不牢 □躯体姿势受限 □光线与照明弱 □作业空间狭窄 □风力气候作业 □作业场地湿滑、潮湿 □动作重复的作业 □有噪声 □高温作业 □低温作业 □水中作业 □办公桌、椅子不合适 □其他

表 3-15（续）

不安全 行为的描述	
	总计：　　　项
安全、值得推广的经验和做法	
初步结论 （基于任务观察目的对工作过程符合程度、工作质量的简述）	制度标准、作业程序与现场符合的程度：□优 □良 □差；判断依据（简述）____。 制度标准、作业程序规定的明确、细致、指导程度：□优 □良 □差；判断依据（简述）____。 员工清楚和理解规定、作业程序的程度：□优 □良 □差；判断依据（简述）____。 员工执行规定、作业程序的程度：□优 □良 □差；判断依据（简述）____。 企业给员工配置作业需要的资源的程度：□优 □良 □差；判断依据（简述）____。 员工的作业方法是低风险、效率高的情况：□优 □良 □差；判断依据（简述）____。 员工参加相关培训，培训内容可应用性的程度：□优 □良 □差；判断依据（简述）____。 员工的建议：____。 其他：____
改进建议	
注：请在相应项目符合度前的“□”内划“√”，同一项目如观察到多次不安全行为，在项目后注明人次或数量。	

第四章　环境风险管控

1. 目的

识别与生产活动相关的环境因素，评估其对环境带来的风险，实施监控以保护和恢复环境。

2. 主要管理内容

贯彻“绿色发展”理念，全面辨识生产活动过程中的环境危害因素，定期监测和评估其对环境带来的风险，通过环境保护宣传培训，提高人员环境保护意识；通过项目前期环境影响评价、竣工环保验收，实施建设项目环境保护预控管理；通过在生产活动中落实环境风险控制措施、规范生产废料管理、开展环境恢复管理、定期回顾环境管理情况等，保护自然资源，持续降低环境污染、生态破坏的风险。

3. 环境风险管控流程（图 4-1）

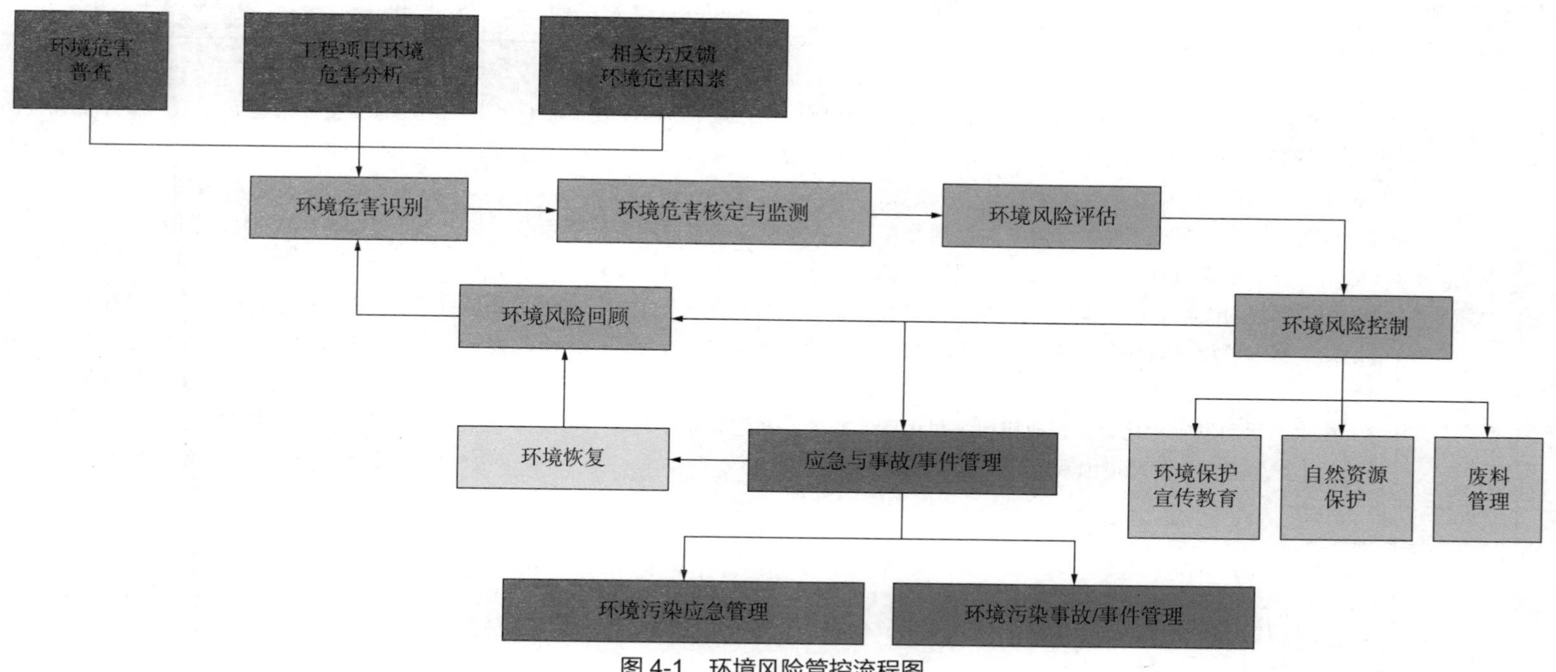

图 4-1　环境风险管控流程图

4. 环境风险管控评价标准（表4-1）

表4-1　环境风险管控评价标准

序号	评价流程	评价标准	标准分值	查评方法
1	环境危害识别	（1）企业应建立标准明确环境危害识别、环境风险评估和控制等管理职责、流程及内容。管理制度标准职责应明确，工作内容应与实际情况相符，标准编制应体现“5W1H”。 （2）企业每年应组织员工开展环境危害因素普查，普查范围应涵盖所有工作场所及生产活动过程，全面识别生产、办公、基建等各区域业务活动中向空气、水体、土壤的排放物，释放的能量（热、辐射、振动等），使用、消耗的自然资源（土地、水等）和能源，废料等可能导致环境污染、生态破坏的环境因素，以及相关方反馈的环境危害因素。 （3）在生产活动发生变化时，企业应组织对生产、办公、基建等业务活动中可能导致环境污染、生态破坏的环境因素进行动态辨识和更新	6	（1）企业未建立环境风险评估和控制管理标准，扣3分；管理制度标准职责不明确、工作内容与实际情况不相符、内容编制“5W1H”不明确，每项扣2分。 （2）企业未按要求开展环境因素普查，扣2分；存在环境危害的生产活动区域未进行普查，每处扣1分；环境危害因素识别不全，每缺少一个因素扣1分。 （3）发生变化时，企业环境因素动态辨识和更新不及时，每项扣1分
2	环境危害核定与监测	（1）企业应组织安全区代表、专业管理人员组成核定专家组核定环境危害因素识别结果，确认其识别的准确性、适宜性。 （2）企业应根据环境因素核定结果，确定环境因素清单，并根据环境因素特性选择定性或定量的评估方法	4	（1）企业环境因素与实际不符，每发现一个因素扣1分。 （2）企业未明确环境因素清单，扣5分；未对危害因素进行风险评估，每发现一个因素扣1分

表 4-1（续）

序号	评价流程	评价标准	标准分值	查评方法
3	环境风险评估	（1）企业应组织员工开展环境风险评估方法培训，员工掌握风险评估方法。 （2）企业应针对可测量的环境因素（如电场、磁场、微波、噪声、有害气体等），编制环境因素检测计划，按要求定期邀请有资质的第三方开展检测，公布环境因素清单和检测结果，并结合检测结果开展风险评估。 （3）企业应按照环境风险评估技术标准开展风险评估，应根据环境因素特性充分评估对水体、土壤、空气、气候、地质、生态与物种等方面的影响和可能的风险。 （4）企业应根据危害特性、产生风险的条件、后果等风险分析情况，遵循“消除 / 终止、替代、转移、工程、隔离、行政管理、个人防护”的顺序选择控制方法，制定针对性、可行性、可操作性、有效性、经济性风险控制措施。 （5）企业员工应了解其生产区域、活动中存在的环境因素及对环境的影响。 （6）企业发生环境事故 / 事件、意外或未遂，生产过程中暴露的高风险问题，使用新的材料和工艺或生产条件发生变化时，应对环境风险数据库进行动态更新。 （7）企业每年应基于环境风险评估结果建立环境风险数据库和环境风险概述，并正式公布风险概述。风险概述应包括风险数据分析概况、面临的主要风险、风险管控方法、风险控制措施	6	（1）企业员工不掌握环境风险评估方法，每人扣 1 分。 （2）企业未公布环境因素清单、检测结果，检测结果未纳入风险评估，每项扣 1 分。 （3）企业环境因素未开展风险评估，每个因素扣 1 分；对外部环境的影响评估不充分，每个因素扣 1 分。 （4）企业风险评估数据不准确、控制措施无针对性，每项扣 1 分。 （5）企业员工不了解环境因素及风险，每人扣 1 分。 （6）企业风险数据库动态更新不及时，每项扣 1 分。 （7）企业未建立环境风险数据库、未公布风险概述，扣 3 分；风险概述编制质量不高，内容不全面，每缺少一项扣 1 分
4	环境风险控制（员工管理）	企业应组织开展环境保护知识宣传教育、安健环分享等活动，培养员工的环境保护意识	4	企业未开展环境保护宣传教育等活动，扣 2 分；人员环保意识不强，每人扣 1 分

表 4-1（续）

序号	评价流程	评价标准	标准分值	查评方法
5	环境风险控制（自然资源保护）	（1）企业应识别并评估消耗自然资源的种类和数量，并制定自然资源消耗管理的程序。 （2）企业应对消耗量大的自然资源制定保护方案或计划，明确减少自然资源消耗的目标与指标、实现目标与指标的控制措施、自然资源消耗过量的原因分析及应对措施。 （3）企业员工应了解资源保护方案或计划。 （4）企业应每年根据环境风险概述和资源现状，明确环境风险管控目标、任务和具体措施并正式发布。 （5）企业应将环境风险控制措施执行计划纳入日常工作计划一并实施和跟踪，针对风险控制措施执行过程中的差异，及时调整、优化措施。 （6）企业电网建设项目应根据国家《中华人民共和国环境保护法》《中华人民共和国环境影响评价法》《建设项目环境保护管理条例》等法律法规要求，在项目启动前期开展环境影响评价工作，取得与核准同级环境主管部门批复意见，在建设过程中落实环保设施与主体工程同时设计、同时施工、同时投产使用要求，在工程竣工后开展调查和检验，完成环保验收，实现建设项目环保工作全过程闭环式管理	6	（1）企业未制定自然资源消耗管理的程序，扣 2 分。 （2）企业未制定消耗量大的自然资源制定保护方案或计划，扣 2 分。 （3）企业员工不清楚资源保护方案或计划，每人扣 1 分。 （4）企业未明确环境风险管控具体措施，每项扣 1 分。 （5）企业控制措施未纳入日常工作计划落实，未针对执行问题及时调整措施，每项扣 1 分。 （6）企业未在项目启动前开展环境影响评价，未落实“三同时”要求，未开展环保验收，每项扣 1 分
6	环境风险控制（废料管理）	（1）企业应识别废料种类、数量及相关风险和控制措施，制定废料台账 / 清单。 （2）企业应为废料提供足够和合适的存储容器和场所并设置明显的标识，危害废料应与普通废料分开存放，危害废料应粘贴危害信息。 （3）企业废料应定期清理。检修完毕清理现场，垃圾、废料处理及时，保护环境。危害废料应由有资质的承包商回收处理并取得政府部门的《危险废物转移联单》。 （4）运输危险废物时，企业应以书面通知运输和搬运人员，以了解运载物特性和应急处理方法，并在运载的危险废物上粘贴相关标识。 （5）企业应记录并保存危险废物处理信息	6	（1）企业未建立废料台账 / 清单，扣 2 分。 （2）企业废料未分区、定值存放，未粘贴危害信息，每项扣 1 分。 （3）企业工作场所垃圾、废料处理不及时，每次扣 1 分；危害废料处理不符合规定，每项扣 1 分。 （4）企业运输危害废物未开展安全教育，每次扣 1 分。 （5）企业未保存危险废物处理信息，每次扣 1 分

表 4-1（续）

序号	评价流程	评价标准	标准分值	查评方法
7	应急管理	（1）企业应辨识环境污染、破坏风险，编制环境污染、破坏应急预案并开展演练，针对演练发现的问题进行根本原因分析，制定针对性纠正与预防措施并落实整改。 （2）企业应制定在环境风险失控的紧急情况下执行的应急措施，并根据实际进行调整，将风险影响降至最低	6	（1）企业未编制应急方案，未开展演练，演练发现问题未整改，每项扣 1 分。 （2）企业未制定或执行应急措施，每项扣 1 分；应急措施与实际不相符，每项扣 1 分
8	事故 / 事件管理	（1）发生环境破坏事故时，企业应按照应急方案开展事故处置。 （2）企业应及时开展基于环境破坏事故的风险分析，制定预防整改措施并落实	4	（1）企业未按照应急方案开展事故处置，扣 3 分。 （2）企业未及时开展风险分析和落实预防整改措施，每项扣 1 分
9	环境恢复	针对超标且对环境造成影响的因素，企业应制定环境管理、恢复方案，明确环境管理目标、控制措施落实计划及环境恢复措施（污染物质的清除、环境绿化及水土保持、工程竣工后的环境恢复）	4	企业未对超标且对环境造成影响的因素进行有效管理，每项扣 1 分
10	环境风险管理回顾	（1）企业应通过安全生产会议、安全检查、合理化建议等方式定期对环境风险控制的效果进行监测、评估，及时修正、完善风险控制措施。 （2）企业每年应通过管理评审对环境风险管控模式及其运转过程、风险控制措施的制定和执行、风险投入的合理性和有效性进行回顾，对存在的不足进行改进	4	（1）企业未定期开展环境风险控制效果评估，每项扣 1 分。 （2）企业未开展环境管理回顾，扣 4 分；环境管理回顾不全面、发现问题未整改到位，每项扣 1 分

5. 环境风险评估方法（资料性）

（1）环境风险评估方法

通过对生产、劳动、设备运行维护过程中识别存在危及环境的危害因素，辨识危害可能引发特定事件的可能性、暴露和结果的严重度，并将现有风险水平与规定的标准、目标风险水平进行比较，确定风险是否可以容忍的全过程（表 4-2）。

表 4-2　环境风险评估表

部门 / 站点	区域	涉及工种	危害物质	危害类别	危害描述	风险范畴	可能暴露于风险的人员、环境等其他信息	现有的控制措施	风险等级分析					建议采取的控制措施	控制措施的有效性	控制措施的成本因素	控制措施判断结果	建议措施的采纳		责任部门	责任人	计划完成时间	管控方式要求	管控部门	效果确认	备注
									后果	暴露	可能性	风险值	风险等级					是	否							

评估说明：

1. 风险等级评定

（1）风险等级分析综合考虑暴露、频率、后果 3 方面因素，运用“环境风险等级分析方法”进行评估，得出风险值，进而划分风险等级（表 4-3）。

（2）后果值通过定量分析环境危害最大物质存在总量与临界量的比值（Q），环境危害物质控制状态（M），按照环境风险后果值取值标准乘积的方式得出对应的后果值。

（3）暴露值为环境危害物质暴露在环境中的频率。

（4）频率为发生事故的可能性大小。

（5）部门 / 站点：危害因素存在的部门 / 站点名称。

（6）区域：危害因素存在的区域名称。

（7）危害因素：各区域内的生产活动可能影响环境因素。

（8）危害类别：包括向空气的排放、向水体的排放、向土壤的排放、自然资源的使用、能源的使用与消耗、能量的释放、废料等。

（9）危害描述：描述危害的相关信息，如产生危害的设备、地点、存在的检测值、发生的频次、暴露时间、后果或对环境的影响等。

（10）风险范畴：包含“环境”类别。

（11）可能暴露于风险的环境等其他信息：即对所评估出的风险，确定危害暴露的频率、时间及频率等。

（12）现有的控制措施：填写现有的工程技术、规章制度、规程规定、安全标识、人员教育培训、个人防护、应急措施、应急预案等控制措施。

表 4-2（续）

（13）风险等级分析：从 3 个因素考虑，即危害造成可能事故的后果，暴露于危害因素的频次，形成完整的事故序列、产生后果的可能性。风险等级分析为确定控制措施级别、制定风险概述等提供输入。

2. 制定风险控制措施

（1）对评估结果中风险值≥ 70（中风险）的，应在“环境风险评估与控制措施表”填写“建议采取的控制措施”“控制措施的有效性（纠正程度）”“控制措施的成本因素”“控制措施判断结果”“建议措施的采纳”，控制措施建议可从管理措施和工程技术措施两方面提出，优先考虑工程技术措施。

1）控制措施的有效性：估计提议的控制措施消除或减轻危险的程度。按照“控制措施合理性（经济性）判定方法”进行选择相应等级。

2）措施成本因素：根据所提出的建议措施，估计可能需要花费的成本并对应“控制措施合理性（经济性）判定方法”选择相应等级。

3）措施判断结果：按照“控制措施合理性（经济性）判定方法”计算出具体的判断数值。

4）建议的措施是否采纳：在“是”或“否”栏根据判断结果以及现场的可操作性、适宜性、资源情况等综合进行判别后确定。

3. 风险等级

根据计算得出的风险值，可以按下面关系式确认其风险等级和应对措施。风险等级可分为“特高”“高”“中”“低”“可接受”。

（1）特高的风险：风险值≥ 400，考虑放弃、停止；

（2）高风险：200 ≤风险值< 400，需要立即采取纠正措施；

（3）中等风险：70 ≤风险值< 200，需要采取措施进行纠正；

（4）低风险：20 ≤风险值< 70，需要进行关注；

（5）可接受的风险：风险值< 20，容忍。

表 4-3　环境危害风险值计算参数对照表

1. 后果（S）：一旦发生事故后造成的伤害后果		
后果严重程度	环　境	分值
灾难性	大范围破坏环境；影响后果可造成人员死亡、环境恢复困难；极端违法，政府责令关闭	100
严重	较大范围破坏环境；影响后果可导致急性疾病或重大伤残，居民需撤离；严重违法，政府责令关闭整顿	50
危险	造成中度影响周边居民及生态环境，引起居民抗争	25
一般的	对周边居民及生态环境有些影响，引起居民抱怨	15
次要	轻度影响周边居民及小范围（现场）生态环境	5
轻微	仅对景观有轻度影响	1

表 4-3（续）

2. 暴露（E）：环境危害物质暴露在环境中的频率		
环　境		分值
暴露频率	持续（每天许多次）	10
	经常（大概每天一次）	6
	有时（从每周一次到每月一次）	3
	偶尔（从每月一次到每年一次，不包括每月一次）	2
	很少（据说曾发生过）	1
	特别少（没有发生过，但有发生的可能性）	0.5
3. 可能性（P）：发生事故的可能性大小		
环　境		分值
发生的可能性	如果危害事件发生，即产生最可能和预期的结果（100%）	10
	十分可能（50%）	6
	可能（25%）	3
	可能性很小的，据说曾经发生过	1
	相当小但确有可能，多年没有发生过	0.5
	百万分之一的可能性，尽管暴露了许多年，但从来没有发生过	0.1
注：表中的“允许水平”是由企业制定的不低于国家标准要求的安全水平。		

（2）环境危害物质针对可能危害环境风险的物质，列表说明下列内容：计算涉及的每种环境危害物质在区域内的最大存在总量与其在环境危害物质及临界量清单（表 4-4 和表 4-5）中对应的临界量的比值 Q：

$$Q=\frac{q_1}{Q_1}$$

式中：

q_1——每种环境危害物质的最大存在总量；

Q_1——每种环境危害物质相对应的临界量。

1）环境危害物质与临界量比值（Q）。

表 4-4　环境危害物质与临界量

序号	危害物质名称	CAS 号	临界量	单位
1	变压器绝缘油	1742-14-9	100	t
2	开关液压油（相）	C15 - 50	0.5	t
3	开关六氟化硫（相）	2551-62-4	100	kg
4	CT 六氟化硫（相）	2551-62-4	90	kg
5	蓄电池硫酸	—	1	t
6	存储除草剂	38727-55-8	10	kg
7	存储油漆	8030-30-6	50	kg
8	生活垃圾	—	0.5	t
9	生活废水	—	300	t
10	噪声	—	60	dB
11	存储油（汽油、液压油、绝缘油等）	1742-14-9、C15 - 50	10	t

表 4-4（续）

序号	危害物质名称	CAS 号	临界量	单位
12	存储六氟化硫	2551-62-4	5000	kg
本表共规定了 12 种（类）危害物质及其临界量，说明如下： （1）将环境危害因素普查工作中发现的环境危害物质列入物质名称栏。 （2）本清单中的化学物质及其临界量将根据环境危害因素普查工作及国家标准的变化，由环境管理负责人适时调整。 （3）未列入《环境危害物质及临界量清单》的危害物质，由环境管理负责人依据类别特征结合实际情况，按《环境危害物质类别与临界量表》确定该环境危害物质的临界量；若一种环境危害物质具有多种危险特性，以表中最低的参考临界量上限确定其临界量。				

表 4-5　化学物质类别与临界量

化学物质类别	说　明	参考临界量上限	单位
油类物质	（废）矿物油类、生物柴油等	200	t
有毒化学物质	剧毒物质	2	kg
	列入危险化学品的有毒物质	10	kg
强腐蚀性物质	强酸、强碱等	30	t
有机废液	反应母液或残液	10	t
储存的危险废物	—	50	t
注 1：剧毒化学物质是根据《化学品毒性鉴定技术规范》“急性毒性分级标准”鉴定为剧毒的物质，有毒化学物质是根据“急性毒性分级标准”鉴定为高毒、中等毒或低毒的化学物质； 注 2：强酸是指在水溶液中完全电离，能电离出的正离子有且仅有 H^+ 的化学物质；强碱是指在水溶液中完全电离，能电离出的负离子有且仅有 OH^- 的化学物质。			

2）环境危害物质控制状态（M）。

采用评分方法确定环境危害物质控制状态（M）。各评估因子、具体指标及评分依据表 4-6。根据现场实际进行评分，取环境危害物质各项现场条件评分最大值作为该物质的控制状态（M）的最终评分值。

在环境危害因素普查中新增的环境危害物质的控制状态评分标准，由环境管理负责人根据普查工作中填报的危害描述新增制定。

表 4-6 环境危害物质控制状态评估指标及分值

环境危害物质名称	现场条件		控制状态（M）				评分值
			1～5	6～15	16～50	51～100	
变压器绝缘油	存储状态	变压器是否存在可能泄漏的缺陷	其他缺陷	一般缺陷	重大缺陷	紧急缺陷	
		是否高温（> 300℃）、高压（> 10MPa）	高温< 300℃、高压< 10MPa	高温> 300℃、高压< 10MPa	高温< 300℃、高压> 10MPa	高温> 300℃、高压> 10MPa	
		泄漏状态	无泄漏	部分泄漏，不超过 30%	部分泄漏，不超过 60%	部分或全部泄漏，超过 60%	
		相间是否有隔墙	全部都有	只有相间 2 堵隔墙	只有两侧 2 堵隔墙	无	
	安全生产管理	消防验收意见合格	全部合格	部分合格，达到 80% 以上	部分合格，达到 60% 以上	不合格达到 40% 以上	
	防控应急措施	是否有事故油池	有	—	—	无	
		事故油池容量与对应绝缘油存储量比值	> 1	0.8 <比值≤ 1	0.5 <比值≤ 0.8	比值≤ 0.5	
		事故油池类型	虹吸式，存有水	虹吸式或双池式，无水	双池式，无水	直排式	
	周边环境	雨排水口距离农田、树林、房屋、河流的距离	> 50m	30m <距离≤ 50m	20m <距离≤ 30m	≤ 20m	
开关液压油（相）	存储状态	开关是否存在可能泄漏的缺陷	其他缺陷	一般缺陷	重大缺陷	紧急缺陷	
		是否高温（> 300℃）、高压（> 10MPa）	高温< 300℃、高压< 10MPa	高温> 300℃、高压< 10MPa	高温< 300℃、高压> 10MPa	高温> 300℃、高压> 10MPa	
		泄漏状态	无泄漏	部分泄漏，不超过 30%	部分泄漏，不超过 60%	部分或全部泄漏，超过 60%	

表 4-6（续）

环境危害物质名称	现场条件		控制状态（*M*）				评分值
			1 ~ 5	6 ~ 15	16 ~ 50	51 ~ 100	
开关六氟化硫（相）	存储状态	开关是否存在可能泄漏的缺陷	其他缺陷	一般缺陷	重大缺陷	紧急缺陷	
		是否高温（＞ 300℃）、高压（＞ 10MPa）	高温＜ 300℃、高压＜ 10MPa	高温＞ 300℃、高压＜ 10MPa	高温＜ 300℃、高压＞ 10MPa	高温＞ 300℃、高压＞ 10MPa	
		泄漏状态	无泄漏	部分泄漏，不超过 30%	部分泄漏，不超过 60%	部分或全部泄漏，超过 60%	
CT 六氟化硫（相）	存储状态	CT 是否存在可能泄漏的缺陷	其他缺陷	一般缺陷	重大缺陷	紧急缺陷	
		是否高温（＞ 300℃）、高压（＞ 10MPa）	高温＜ 300℃、高压＜ 10MPa	高温＞ 300℃、高压＜ 10MPa	高温＜ 300℃、高压＞ 10MPa	高温＞ 300℃、高压＞ 10MPa	
		泄漏状态	无泄漏	部分泄漏，不超过 30%	部分泄漏，不超过 60%	部分或全部泄漏，超过 60%	
蓄电池硫酸	存储状态	蓄电池是否存在可能泄漏的缺陷	其他缺陷	一般缺陷	重大缺陷	紧急缺陷	
		是否高温（＞ 300℃）、高压（＞ 10MPa）	高温＜ 300℃、高压＜ 10MPa	高温＞ 300℃、高压＜ 10MPa	高温＜ 300℃、高压＞ 10MPa	高温＞ 300℃、高压＞ 10MPa	
		泄漏状态	无泄漏	部分泄漏，不超过 30%	部分泄漏，不超过 60%	部分或全部泄漏，超过 60%	
	蓄电池类型		胶体式	贫液式	加水式	加液式	
存储除草剂	存储状态	是否高温（＞ 300℃）、高压（＞ 10MPa）	高温＜ 300℃、高压＜ 10MPa	高温＞ 300℃、高压＜ 10MPa	高温＜ 300℃、高压＞ 10MPa	高温＞ 300℃、高压＞ 10MPa	
存储油漆	存储状态	是否高温（＞ 300℃）、高压（＞ 10MPa）	高温＜ 300℃、高压＜ 10MPa	高温＞ 300℃、高压＜ 10MPa	高温＜ 300℃、高压＞ 10MPa	高温＞ 300℃、高压＞ 10MPa	

表 4-6（续）

环境危害物质名称	现场条件		控制状态（M）				评分值
			1~5	6~15	16~50	51~100	
生活垃圾	存储状态	是否高温（> 300℃）、高压（> 10MPa）	高温< 300℃、高压< 10MPa	高温> 300℃、高压< 10MPa	高温< 300℃、高压> 10MPa	高温> 300℃、高压> 10MPa	
	防控应急措施	处置方式	移交垃圾处理单位处置	就地填埋	就地焚烧	直接丢弃到环境中	
生活废水	存储状态	是否高温（> 300℃）、高压（> 10MPa）	高温< 300℃、高压< 10MPa	高温> 300℃、高压< 10MPa	高温< 300℃、高压> 10MPa	高温> 300℃、高压> 10MPa	
	防控应急措施	处置方式	全部经处理后排放	60% 以上经处理后排放	30% 以上经处理后排放	直接排放到环境中	
噪音	周边环境	变电站距离居民房屋的距离	> 50m	30m <距离≤ 50m	20m <距离≤ 30m	≤ 20m	
	防控应急措施	隔音控制措施效果	降低 5dB 以上	降低 3dB 以上、5dB 以下	降低 1dB 以上、3dB 以下	无明显效果	
存储油（汽油、液压油、绝缘油等）	存储状态	是否高温（> 300℃）、高压（> 10MPa）	高温< 300℃、高压< 10MPa	高温> 300℃、高压< 10MPa	高温< 300℃、高压> 10MPa	高温> 300℃、高压> 10MPa	
存储六氟化硫	存储状态	是否高温（> 300℃）、高压（> 10MPa）	高温< 300℃、高压< 10MPa	高温> 300℃、高压< 10MPa	高温< 300℃、高压> 10MPa	高温> 300℃、高压> 10MPa	

3）环境危害物质后果值确定。

根据环境危害物质最大存在总量与临界量比值（Q）、环境危害物质控制状态（M），两项数值相乘（$S = Q \times M$）得到该物质的后果值，当后果值 S 大于 100 时，S 取值 100，见表 4-7。

表 4-7　环境风险评估后果值

环境危害物质名称	Q 值	M 值	后果值（S）
变压器绝缘油			
开关液压油（相）			
开关六氟化硫（相）			
CT 六氟化硫（相）			
蓄电池硫酸			
存储除草剂			
存储油漆			
生活垃圾			
生活废水			
噪声			
存储油（汽油、液压油、绝缘油等）			
存储六氟化硫			

4）控制措施合理性（经济性）判定。

①控制措施有效性：估计提议的控制措施消除或减轻危险的程度，按照表 4-8 选择相应等级。

表 4-8　控制措施的有效性

序号	纠正程度	等级
1	肯定消除危险，100%	1
2	风险至少降低 75%，但不是完全	2
3	风险降低 50%（含）~75%	3
4	风险降低 25%（含）~50%	4
5	对风险的影响小（低于 25%）	6

②措施成本因素：根据所提出的建议措施，估计可能需要花费的成本并对应表 4-9 选择相应等级。

表 4-9　措施的成本因素

序号	成本因素	等级
1	超过 500 万元	10
2	＞100 万元～≤500 万元	6
3	＞50 万元～≤100 万元	4
4	＞10 万元～≤50 万元	3
5	＞5 万元～≤10 万元	2
6	≥1 万元～≤5 万元	1
7	1 万元以下	0.5

③措施判断结果：计算出具体的判断数值，计算公式如下：

$$判断（J）=\frac{风险值}{成本因素\times纠正程度}$$

$J\geqslant 10$，预期的控制措施的费用支出合理；

$J<10$，预期的控制措施的费用支出不合理。

第五章　消防风险管控

1. 目的

通过识别生产过程中潜在的电气设备、气体、液体等火灾源，评估企业办公场所和生产场所火灾风险，加强消防安全管理，控制火灾风险，进一步提升火灾预控及火灾应急处置能力，确保企业员工和生产场所设备安全或不发生消防安全事故。

2. 主要管理内容

对火灾源、火灾类型和人员灭火技能等方面开展风险评估，通过消防重点部位、资金投入和组织保障、消防联动管理、动火管理和消防检查管理，持续管控火灾风险，使消防风险均处于受控状态。

3. 消防风险管控流程（图 5-1）

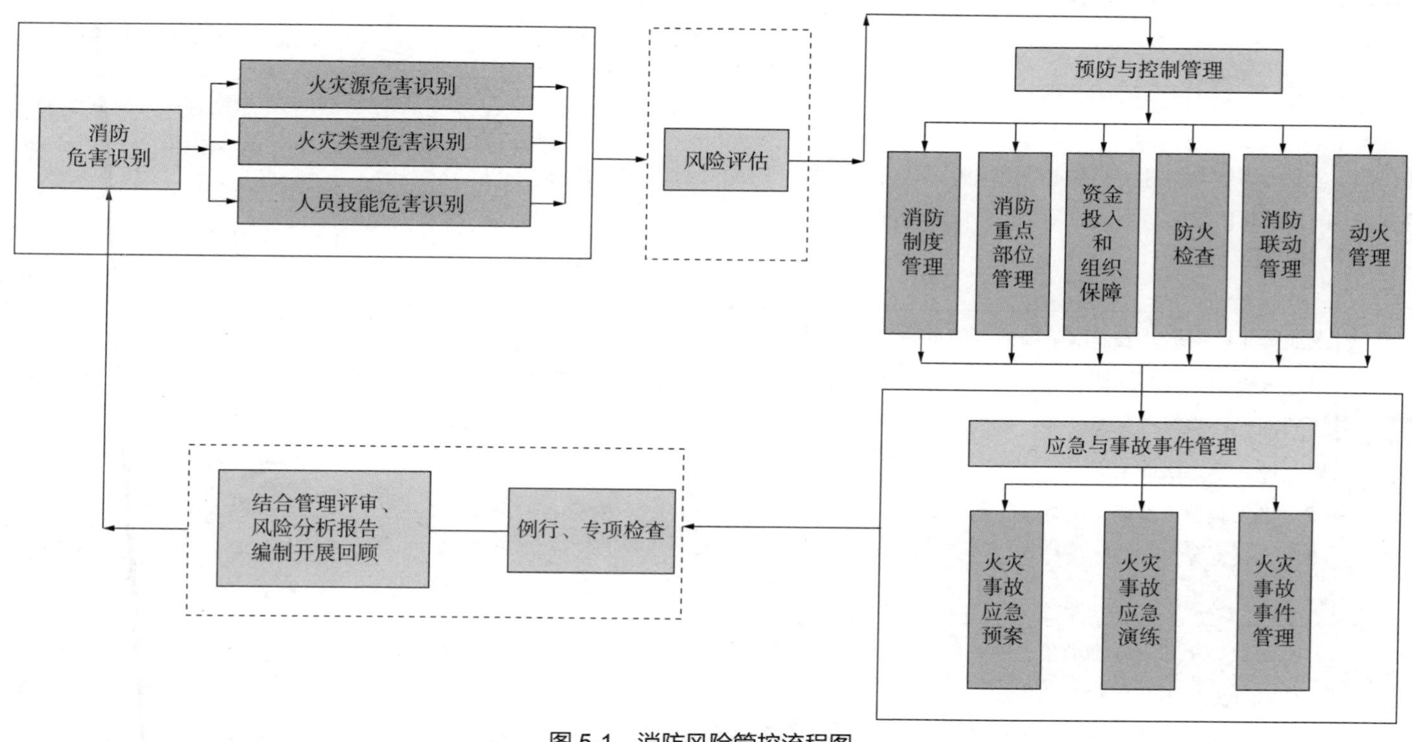

图 5-1　消防风险管控流程图

4. 消防风险管控评价标准（表5-1）

表5-1　消防风险管控评价标准

序号	评价流程	评价标准	标准分值	评分标准
1	消防风险管理标准	企业应当结合自身实际制定消防风险评估管理标准，消防风险评估管理标准职责应明确，工作内容应与实际情况相符，标准编制应体现“5W1H”	4	（1）企业未结合实际制定消防风险评估管理标准，扣5分。 （2）企业消防风险评估管理标准职责不明确、工作内容与实际情况不相符、标准编制未体现“5W1H”，发现一项扣1分
2	消防风险危害识别	企业每年应组织开展一次基准的消防危害辨识，辨识时重点关注以下内容： （1）火灾源（普通固体可燃物：木材、纸张、布料等；可燃液体及可熔化的固体：变压器油、石蜡等；可燃气体：煤气、天然气；可燃金属：钾、钠、镁等金属；可燃金属：钾、钠、镁等金属）； （2）火灾类型（A类、B类、C类、D类、E类）； （3）灭火资源； （4）人员逃生、灭火技能	6	（1）企业未按要求开展基准的危害辨识工作，扣5分。 （2）企业未按企业规定的技术标准开展火灾危害辨识工作，扣2分。 （3）企业危害辨识不全，每项扣1分
3	消防风险评估	（1）企业每年初应根据消防风险评估技术标准和已辨识的危害开展消防基准风险评估工作，并形成消防风险评估表。 （2）风险评估应严格依据技术标准执行，重点风险应纳入年度风险报告进行管控。 （3）企业火灾风险等级划分应依照《关于调整火灾等级标准的通知》（公消〔2007〕234号），将火灾风险等级划分为特别重大火灾风险、重大火灾风险、较大火灾风险、一般火灾风险4个等级	4	（1）企业未开展消防年度基准风险评估工作，未形成消防风险评估表，扣2分。 （2）企业未按技术标准开展，扣2分；重点风险未纳入年度风险报告管控，扣1分。 （3）企业火灾风险等级标准划分不准确，每项扣1分

表 5-1（续）

序号	评价流程	评价标准	标准分值	评分标准
4	消防风险控制（制度管理）	企业应组织贯彻落实国家有关消防安全的法律、法规、标准和规定，建立企业消防安全管理制度。制度应包括以下内容： （1）各级、各岗位消防安全职责、消防安全责任制考核、动火管理、消防安全操作规定、消防设施运行规程、消防设施检修规程。 （2）电缆、电缆间、电缆通道防火管理；消防设施与主体设备或项目同时设计、同时施工、同时投产管理，消防安全重点部位管理。 （3）消防安全教育培训，防火巡查、检查，消防控制室值班管理，消防设施、器材管理，火灾隐患整改，用火、用电安全管理。 （4）易燃易爆危险物品和场所防火防爆管理，专职和志愿消防队管理，疏散、安全出口、消防车通道管理，燃气和电气设备的检查和管理（包括防雷、防静电）。 （5）消防安全工作考评和奖惩；灭火和应急疏散预案以及演练。 （6）消防档案管理。消防档案应当包括消防安全基本情况和消防安全管理情况	4	（1）企业未制定消防管理制度，扣 4 分。 （2）企业消防管理制度内容不全面，每项扣 1 分
5	消防风险控制（消防验收）	（1）企业应对消防设备、设施、器材等投入使用前开展验收。 （2）企业应将投入使用的消防设备、设施、器材等消防验收结果上报属地消防机构备案	4	（1）企业未开展消防验收，扣 4 分。 （2）企业消防验收结果未上报属地消防机构备案，扣 2 分
6	消防风险控制（防火区域管理）	（1）企业应建立重点防火区域（部位），重点关注以下内容： 1）油罐区（包括燃油库、绝缘油库、透平油库），制氢站、供氢站、发电机、变压器等注油设备，电缆间以及电缆通道、调度室、控制室、集控室、计算机房、通信机房、风力发电机组机舱及塔筒。 2）换流站阀厅、电子设备间、铅酸蓄电池室、天然气调压站、储氨站、液化气站、乙炔站、档案室、油处理室、秸秆仓库或堆场、易燃易爆物品存放场所。 （2）消防重点部位应当建立岗位防火职责，设置明显的防火标志，并在出入口位置悬挂防火警示标示牌。标示牌的内容应包括消防安全重点部位的名称、消防管理措施、灭火和应急疏散方案及防火责任人	6	（1）企业未建立重点防火区域（部位），扣 3 分。 （2）企业重点防火区域（部位）不全面，每项扣 1 分。 （3）企业未建立重点防火区域（部位）岗位防火职责，扣 2 分。 （4）企业未设置明显的防火标志，并在出入口位置悬挂防火警示标示牌，扣 2 分。 （5）企业防火标识牌内容不全面，没缺少一项扣 1 分

表 5-1（续）

序号	评价流程	评价标准	标准分值	评分标准
7	消防风险控制（组织管理）	（1）企业应建立制度保障消防安全工作的资金投入，将消防安全资金纳入年度预算管理。 （2）企业应成立消防工作组织机构，组建专职消防队和志愿消防队，明确消防工作职责。志愿消防员的人数不应少于职工总数的 10%，重点部位不应少于该部位人数的 50%；同时根据志愿消防人员变动、身体和年龄等情况，及时进行调整或补充，并公布	6	（1）企业未将消防资金纳入年度预算，扣 1 分。 （2）企业未建立消防工作组织机构，扣 3 分。 （3）企业志愿消防队人数不满足要求，扣 1 分。 （4）企业志愿消防队人员变动后，未及时进行调整或补充并公布，扣 1 分
8	消防风险控制（防火巡查）	（1）企业应进行防火巡查。防火巡查应包括下列内容： 1）安全出口、疏散通道是否畅通，安全疏散指示标志、应急照明是否完好；消防设施、器材是否完好。 2）消防安全标志是否完好、常闭式防火门是否处于关闭状态、防火卷帘下是否堆放物品影响使用等消防安全情况。 3）电缆封堵、阻火隔断、防火涂层、槽盒是否符合要求。 （2）企业应明确动火级别、禁止动火条件、动火安全组织措施、动火安全技术措施、一般动火安全措施	4	（1）企业未开展防火检查，扣 3 分；防火检查内容不全面，每项扣 1 分。 （2）企业未明确动火级别、禁止动火条件、动火安全组织措施、动火安全技术措施、一般动火安全措施，每项扣 1 分
9	消防风险控制（应急支援和培训）	（1）企业与当地政府消防管理部门建立应急支援联动机制，并签订消防应急支援协议。 （2）企业应建立健全消防安全教育培训制度，对在岗的员工每年至少进行一次消防安全培训。下列人员应接受消防安全专门培训： 1）单位的消防安全责任人、消防安全管理人； 2）专职、兼职消防管理人员； 3）消防控制室值班人员、消防设施操作人员。 4）其他依照规定应当接受消防安全专门培训的人员	6	（1）企业未与当地政府消防管理部门建立应急支援联动机制，扣 2 分。 （2）企业未并签订消防应急支援协议，扣 1 分。 （3）企业未建立消防安全教育培训制度，扣 2 分。 （4）企业每年未开展消防安全培训，扣 1 分。 （5）企业消防安全人员培训不全，每发现 1 人次扣 0.5 分

表 5-1（续）

序号	评价流程	评价标准	标准分值	评分标准
10	消防风险应急处置（预案管理）	企业应根据法律法规、企业消防风险及企业实际编制消防事故应急预案和现场处置方案	4	（1）企业未根据法律法规、企业消防风险及企业实际编制企业消防事故应急预案和现场处置方案，扣 3 分。 （2）企业未按照预案和现场处置方案原则编制，扣 2 分
11	消防风险应急处置（应急演练）	企业每年应编制消防事故应急演练方案，对消防事故应急预案和现场处置方案进行一次演练，并结合演练发现对预案、现场处置方案、应急装备等进行改进	4	（1）企业未每年应编制消防事故应急演练方案，对消防事故应急预案和现场处置方案进行一次演练，扣 3 分。 （2）企业未结合演练发现对预案、现场处置方案、应急装备等进行改进，扣 2 分
12	消防风险应急处置（现场处置）	（1）发生消防事故时，企业应按照企业消防预案和现场处置方案开展消防事故处置。 （2）企业应及时开展基于消防事故的风险分析，制定预防整改措施，并落实	4	（1）企业未按照企业消防预案和现场处置方案开展消防事故处置，扣 3 分。 （2）未及时开展基于消防事故的风险分析和制定预防整改措施，扣 2 分
13	消防风险监测	（1）企业应每月对关键消防风险措施落实情况进行跟踪，确保各项措施得到有效落实。 （2）企业应结合春秋季安全大检查、专项检查等对企业的消防风险的辨识、评估、控制情况和措施的有效性进行检查	6	（1）企业未对关键消防风险措施落实情况进行跟踪，扣 3 分。 （2）企业未结合春秋季安全大检查、专项检查等对企业的消防风险的辨识、评估、控制情况和措施的有效性进行检查，扣 2 分

表 5-1（续）

序号	评价流程	评价标准	标准分值	评分标准
14	消防风险的变化管理	（1）企业管理人员应结合消防风险变化及时组织人员修订消防风险库及控制措施。 （2）当企业的消防风险突然变化且不可控时，企业管理人员应及时发布消防风险预警，重新制定有效的消防风险控制措施	6	（1）企业未结合消防风险变化及时组织人员修订消防风险库及控制措施，扣 3 分。 （2）企业的消防风险突然变化且不可控时，未及时发布消防风险预警，扣 2 分
15	消防风险回顾	企业每年底应当结合企业的管理评审工作、风险分析报告编制工作等对消防风险的管控工作进行回顾	2	企业未对消防风险的管控工作进行回顾，扣 2 分

5. 消防风险评估方法（资料性）

对可能导致火灾的风险危害源进行排查和辨识，根据辨识出来的风险危害源发生的可能性，以及风险危害源导致火灾后果的严重程度，利用风险矩阵来确定其风险等级。

（1）对可能导致火灾的风险危害源进行排查和辨识

通过日常防火检查、火灾风险排查等途径对企业所属生产及办公场所的存在的火灾风险危害源进行排查和辨识，识别出具体的危害源的分布，见表 5-2。

表 5-2　火灾风险排查表

排查单位（部门）			排查时间		排查人员				
序号	区域	火灾源	火灾类型	现有灭火资源	可能影响范围	应急措施	是否发生过火灾	是否消防安全重点部位
1								
2								

表 5-2（续）

填表说明： 1. 区域：存在火灾风险的地点。填写清楚具体楼层、房间或具体的设备间隔名称等。 2. 火灾源：引发火灾的可能来源，如：设备爆炸起火、焊接起火、气割起火、化学物质反应起火、吸烟起火、设备过热起火、电短路或接地起火、用电设备老化起火、废物长时间堆放自燃起火、外界火源引起（包括纵火）等，具体类型可参考表 5-3。 3. 火灾类型：根据着火物质进行分类，如油着火、电气设备着火、建筑物着火、化学物质着火、办公设施（木质家具、纸张等）着火、液化气着火、车辆着火、垃圾着火等。 4. 现有灭火资源：在所调查与评估的区域目前配置的灭火设备、设施与器材（如消防水系统、气体灭火装置、手持灭火器、小车式灭火器、沙等），需要明确具体名称、型号和数量。 5. 可能影响范围：火灾发生后可能波及的区域。 6. 应急措施：火灾发生后的应急措施与资源，包括：是否需要提前制定应急程序、是否需要疏散人员、是否需要按人配置防护用品、是否需要政府专业消防队伍施救、是否需要动用外界力量转移设备和物资、是否需要对电网运行系统进行调整等。

表 5-3　火灾源辨识参考表

风险范畴	火灾风险危害源	火灾风险危害源典型举例
消防安全风险	电气设备存在安全隐患	电气设备、线路老化，线路搭接不规范，导线受潮、接触不良、设备超负荷运行、设备过热起火、电短路或接地起火、设备爆炸起火等
	易燃物存放不合规定	纸皮、纸质档案、木制家具、易燃化学品等易燃物质集中堆放、化学物质反应起火、废物长时间堆放自燃起火
	违规使用燃气瓶	食堂燃气瓶未按规定做好使用检查，气瓶室密闭无排风装置等
	违规开展动火作业	如动火作业点 5m 内存在易燃物质、动火机具 / 气瓶不合格，切割作业时氧气瓶与乙炔气瓶非垂直固定放置、气瓶混放，不按规定执行动火工作票制度、焊接起火、气割起火等
	在禁止吸烟区域吸烟	在禁止吸烟区域吸烟并扔未熄灭的烟头等
	建筑物避雷装置安装、维护不符合规定	建筑物未安装避雷装置或安装不正确，已安装避雷装置未定期检测等
	纵 / 放火	人为纵火、未做好安全措施的情况下燃烧垃圾等
	其他	如有其他危害源无法在以上 7 类中归类，可增加填写

（2）评估火灾风险危害源发生的可能性

对辨识出的火灾风险危害源进行评估，根据发生的概率，确定危害源发生的可能性等级，见表5-4。

表5-4　危害源发生的可能性等级

可能性等级	概率描述	可能性说明
经常	每年≥1.0	在大多数情况下每年都有可能发生
很可能	1.0＞每年≥0.01	近10年可能发生过若干次
有时	0.01＞每年≥10^{-4}	近10年内有时可能发生
极少	10^{-4}＞每年≥10^{-7}	近10年内不易发生，但同样的事故历史上有个别的记录
极不可能	每年＜10^{-7}	几乎没有发生过

（3）评估危害源导致火灾的严重程度

对火灾风险危害源可能导致的火灾后果进行评估，确定后果的严重等级。在确定事故后果严重程度等级时，应选择最可能后果的等级作为事故后果严重程度等级，见表5-5。

表5-5　火灾风险危害源导致火灾后果的严重程度

风险范畴	后果的严重等级				
	不重要的	较小的	严重的	重大的	特大的
消防安全风险	造成直接经济损失5万元以下；或过火面积不超过$10m^2$或发生火警	造成直接经济损失5万元及以上20万元以下；或过火面积$10m^2$及以上$20m^2$以下	造成1人及以上5人以下轻伤；或造成直接经济损失20万元及以上50万元以下；或过火面积$20m^2$及以上$50m^2$以下；或受地市级/网公司媒体负面曝光	造成5人及以上轻伤；或造成直接经济损失50万元及以上80万元以下；或过火面积$50m^2$及以上$80m^2$以下；或受省级媒体负面曝光	造成人员死亡或重伤；或造成直接经济损失80万元及以上；或过火面积$80m^2$及以上；或受国家级媒体负面曝光；或受政府部门/网公司处罚、通报批评

（4）确定危害源的安全风险等级

按照评估确定的风险危害源发生的可能性等级以及导致火灾后果的严重等级，利用风险矩阵确定各危害源的风险等级。

风险等级按风险程度由高到低分为Ⅰ（特高）、Ⅱ（高）、Ⅲ（中）、Ⅳ（低）、Ⅴ（可接受）5级，见表5-6。

表5-6　危害源风险等级

危害源发生的可能性等级	危害源导致火灾后果严重程度等级				
	不重要的	较小的	严重的	重大的	特大的
经常	Ⅳ	Ⅲ	Ⅱ	Ⅰ	Ⅰ
很可能	Ⅳ	Ⅲ	Ⅱ	Ⅱ	Ⅰ
有时	Ⅴ	Ⅳ	Ⅲ	Ⅱ	Ⅱ
极少	Ⅴ	Ⅴ	Ⅳ	Ⅲ	Ⅱ
极不可能	Ⅴ	Ⅴ	Ⅴ	Ⅲ	Ⅲ

（5）制定风险控制措施

应对低风险及以上的火灾风险危害源制定风险控制措施（低风险需要进行关注，中风险需要采取措施进行纠正，高风险需要立即采取纠正措施，特高风险考虑放弃、停止），控制措施包括工程技术、规章制度、规程规定、安全标识、人员教育培训、个人防护、应急措施、应急预案等。

企业按照以上评估方法开展危害源辨识和风险评估，填写《火灾风险危害源辨析及控制措施制定表》（表5-7）。

表 5-7　火灾风险危害源辨析及控制措施制定表

填写单位（部门）：　　　　填写人员：　　　　填写日期：　　年　　月　　日

序号	危害源辨识			可能导致的火灾后果评估			风险等级分析			风险控制措施制定		
	危害源类别	危害源具体分布	危害源发生的频率	人身伤亡	财产损失（含过火面积）	社会影响（包括媒体负面曝光、上级处罚或通报批评）	可能性	严重程度	风险等级	风险控制措施	责任单位（部门）	责任人

第六章　交通风险管控

1. 目的

通过深入分析车辆、驾驶员、道路交通和自然灾害风险，并将相关管控措施融入日常车辆管理、驾驶员管理、用车申请及调度和交通事故处理等各项工作中，有效预防和减少交通事故，保护人身、车辆安全。

2. 主要管理内容

（1）车辆风险评估主要从车辆制动系统、转向系统、传动系统、行驶系统、电气系统及其他部位的年度维修次数、年度维修总频率、行驶路况、使用年限等 9 个方面开展车辆性能评估并制定风险防范措施。

（2）驾驶员的风险评估从岗位资质、驾龄、安全行车里程、防御驾驶技能、履职状况、身体状况及其他等 7 个方面开展驾驶员的履职能力风险评估并制定风险防范措施。

（3）道路交通环境主要对具有相对固定路线的道路环境开展风险评估工作，从行车距离、城市道路和乡镇道路占比、二级路占比、高速路占比等 4 个方面开展道路环境风险评估并制定风险防范措施。

（4）自然灾害主要针对影响道路交通的恶劣天气、泥石流、地震等自然灾害开展风险评估，并制定风险防范措施。

（5）运用风险“辨识、评估、控制、应急响应、监测回顾”5 个环节，实施交通全过程风险控制和监测，使交通风险均处于受控状态。

3. 交通风险管控流程（图 6-1）

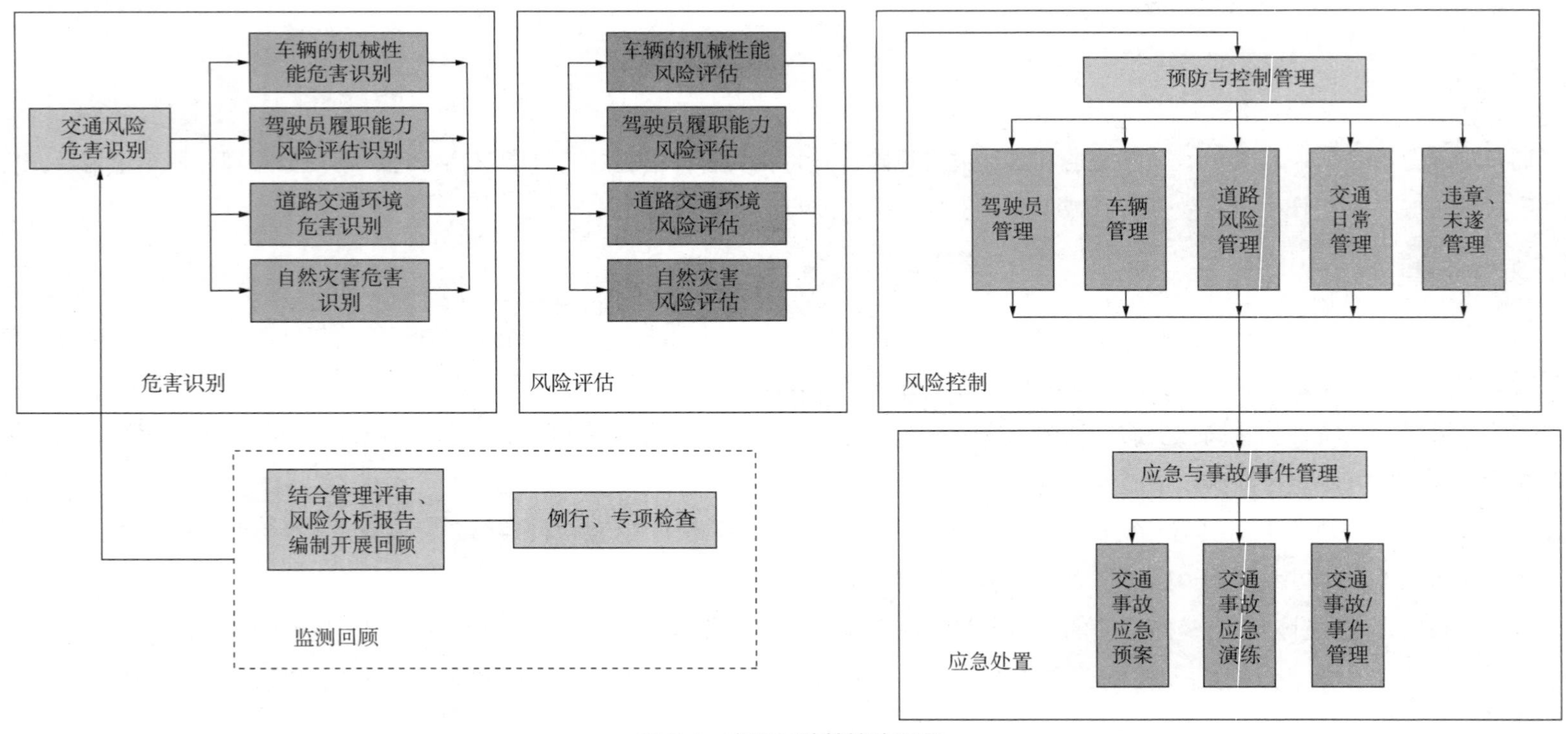

图 6-1 交通风险管控流程图

4. 交通风险管控评价标准（表 6-1）

表 6-1　交通风险管控评价标准

序号	评价流程	评价标准	标准分值	评分标准
1	交通风险管理标准	（1）企业应当结合自身实际制定交通风险评估管理标准。交通风险评估管理标准至少应包括驾驶员管理、车辆管理、行车风险管理等内容。 （2）交通风险评估管理标准职责应明确、工作内容应与实际情况相符、标准编制应体现“5W1H”	4	（1）企业未结合实际制定交通风险评估管理标准，扣 2 分。 （2）企业交通风险评估管理标准职责不明确、工作内容与实际情况不相符、标准编制未体现“5W1H”，每项扣 1 分
2	交通风险评估技术标准	（1）企业应当结合自身实际制定交通风险评估技术标准，交通风险评估技术标准可采用以下风险评估方法： 1）SEP（S—后果，E—暴露，P—可能性）法； 2）安全检查表法； （2）交通风险评估技术标准应简单，具备可操作性	4	（1）企业未结合实际制定交通风险评估技术标准，扣 2 分。 （2）交通风险评估技术标准不具备操作性，扣 1 分
3	交通风险危害识别（车辆）	（1）企业交通管理部门每年应组织开展一次车辆基准的交通危害辨识，辨识时重点关注以下内容： 1）制动系统问题； 2）转向系统问题； 3）传动系统问题； 4）年度故障问题； 5）行驶系统问题； 6）车辆行驶年限； 7）电气系统及其他部位的年度维修次数； 8）年度维修总频率。 （2）企业交通管理部门每年在组织开展车辆基准的交通危害辨识时，应重点关注以下危害： 1）有缺陷、隐患的车辆； 2）曾经肇事的车辆； 3）车辆行驶年限较长的车辆	4	（1）企业未按要求对车辆开展基准的危害辨识工作，扣 2 分。 （2）企业未按照规定的技术标准对车辆开展危害辨识工作，扣 1 分

表 6-1（续）

序号	评价流程	评价标准	标准分值	评分标准
4	交通风险危害识别（人员）	（1）企业交通管理部门每年初应组织交通管理人员、驾驶员等对驾驶员开展一次履职能力危害辨识，重点关注以下内容： 1）岗位资质； 2）履职状况； 3）驾龄； 4）身体状况； 5）安全行车里程； 6）防御驾驶技能。 （2）企业交通管理部门在组织开展驾驶员基准的交通危害辨识时，应重点关注以下危害： 1）超速驾驶； 2）抢红灯； 3）酒驾； 4）精神状态	4	（1）企业未按要求对驾驶员履职能力开展基准的危害辨识工作，扣 2 分。 （2）企业未按规定的技术标准对驾驶员履职能力开展基准的危害辨识工作，扣 1 分
5	交通风险危害识别（道路）	企业交通管理部门每年应组织交通管理人员、驾驶员等开展道路交通的危害辨识，重点关注以下内容： 1）行车距离； 2）城市道路和乡镇道路占比； 3）高速路占比； 4）二级路占比	4	（1）企业未按要求对道路交通环境开展危害辨识工作，扣 2 分。 （2）企业未按规定的技术标准对道路交通环境开展危害辨识工作，扣 1 分
6	交通风险危害识别（自然灾害）	企业交通管理部门每年应组织交通管理人员、驾驶员等开展自然灾害导致的交通风险危害辨识工作，并重点关注恶劣天气、泥石流、地震等危害	2	企业未按要求对自然灾害导致的交通风险危害开展危害辨识工作，扣 2 分

表 6-1（续）

序号	评价流程	评价标准	标准分值	评分标准
7	交通风险评估（车辆）	企业交通管理部门每年初应根据交通风险评估技术标准和已辨识的车辆危害开展车辆的基准风险评估工作，并形成车辆性能风险评估表。风险评估应严格依据技术标准执行，重点风险应纳入年度风险报告进行管控	2	企业未开展车辆年度基准风险评估工作，未形成车辆性能风险评估表，扣 2 分；未按技术标准开展，扣 2 分；重点风险未纳入年度风险报告管控，扣 1 分
8	交通风险评估（人员）	企业交通管理部门每年初应根据交通风险评估技术标准和已辨识的驾驶员危害因素开展驾驶员履职能力基准风险评估工作，并编制驾驶员风险评估表和驾驶员日常管理要点分析表。风险评估应严格依据技术标准执行，重点风险应纳入年度风险报告进行管控	2	企业未开展驾驶员履职能力年度基准风险评估工作，未编制驾驶员风险评估表和驾驶员日常管理要点分析表，扣 2 分；未按技术标准开展，扣 2 分；重点风险未纳入年度风险报告管控，扣 1 分
9	交通风险评估（道路）	企业交通管理部门每年初应根据交通风险评估技术标准和已辨识的道路交通危害因素开展道路交通环境基准风险评估工作，并编制各站点及机场交通车专项安全风险评估表和行车危害因素分析表。风险评估应严格依据技术标准执行，重点风险应纳入年度风险报告进行管控	2	企业未开展道路交通环境年度基准风险评估工作，未编制各站点及机场交通车专项安全风险评估表和行车危害因素分析表，扣 2 分；未按技术标准开展，扣 2 分；重点风险未纳入年度风险报告管控，扣 1 分
10	交通风险评估（自然灾害）	企业交通管理部门每年初应根据交通风险评估技术标准和已辨识的自然灾害危害因素开展自然灾害影响道路交通的基准风险评估工作，并编制企业常见恶劣天气下的交通安全风险防控原则。风险评估应严格依据技术标准执行，重点风险应纳入年度风险报告进行管控	4	企业未开展自然灾害影响道路交通年度基准风险评估工作，未编制企业常见恶劣天气下的交通安全风险防控原则，扣 2 分；未按技术标准开展，扣 2 分；重点风险未纳入年度风险报告管控，扣 1 分
11	交通风险控制（措施）	企业应将交通风险控制措施的管理措施融入企业的业务指导书等企业标准进行长态化管控	4	企业未将交通风险控制措施的管理措施融入企业的业务指导书等企业标准进行常态化管控，扣 4 分

表 6-1（续）

序号	评价流程	评价标准	标准分值	评分标准
12	交通风险控制（人员）	（1）企业交通管理部门应做好驾驶员资质管理和动态风险管理，并结合年度体检动态管理驾驶员，防止有职业禁忌的驾驶员驾驶车辆。重点关注器质性心脏病、癫痫病、美尼尔氏症、眩晕症、癔病、震颤麻痹、精神病、痴呆以及影响肢体活动的神经系统疾病等妨碍安全驾驶疾病的疾病。 （2）企业交通管理部门每月应根据交通风险评估情况，结合实际组织驾驶员开展安全教育培训。安全教育培训培训内容应结合实际和面临的主要风险及风险控制措施。 （3）企业交通管理部门每年初应根据交通风险评估情况，结合实际制定驾驶员日常管理要点分析表，并在交通风险管控日常工作中进行落实跟踪	4	（1）企业未开展驾驶员资质管理和动态风险管理，扣 2 分；未结合年度体检动态管理驾驶员，发生有职业禁忌的驾驶员驾驶车辆，每人次扣 1 分。 （2）企业未每月组织驾驶员开展一次安全教育培训，每次扣 2 分；安全教育培训内容未结合实际和面临的风险，每次扣 1 分；风险控制措施不具备操作性，每项扣 1 分。 （3）企业未根据交通风险评估情况和实际制定驾驶员日常管理要点分析表，扣 2 分；制定的驾驶员日常管理要点分析表不具备操作性，每项扣 1 分；未在交通风险管控日常工作中进行落实跟踪，扣 1 分
13	交通风险控制（车辆）	（1）企业交通管理部门每年初应根据交通风险评估情况，结合实际制定车辆保养计划及车辆报废关注事项，并在交通风险管控日常工作中进行落实跟踪。 （2）企业应督促驾驶员做好出车前、行车中、收车后检查，防止有重大风险隐患的车辆行驶	4	（1）企业未根据交通风险评估情况和实际制定车辆保养计划及车辆报废关注事项，扣 2 分；制定的车辆保养计划及车辆报废关注事项不具备操作性扣 1 分；未在交通风险管控日常工作中进行落实跟踪，扣 1 分。 （2）企业未开展出车前、行车中、收车后检查工作，扣 1 分；发生带重大风险隐患的车辆行驶事件，扣 2 分
14	交通风险控制（道路）	（1）企业应结合每年的风险评估绘制交通风险地图。 （2）企业应在车辆上安装 GPS 定位仪或行车记录仪等装置，对车辆行驶状态进行监控。 （3）企业交通管理部门应通过电话、短信平台及时给驾驶员发送道路风险信息	4	（1）企业未绘制交通风险地图，扣 2 分。 （2）企业未在车辆上安装 GPS 定位仪或行车记录仪等装置，对车辆行驶状态进行监控，扣 2 分。 （3）企业交通管理部门未开展道路风险信息提示工作，扣 1 分

表 6-1（续）

序号	评价流程	评价标准	标准分值	评分标准
15	交通风险控制（日常管理）	（1）企业交通管理部门每年初应根据交通风险评估情况，结合实际制定交通安全管理漏洞及提升措施，并在交通风险管控日常工作中进行落实跟踪。 （2）企业交通管理部门应严格按照企业交通管理标准或国家法律法规开展日常交通管理工作	4	（1）企业未根据交通风险评估情况和实际制定交通安全管理漏洞及提升措施，扣 2 分；制定的交通安全管理漏洞及提升措施不具备操作性扣 1 分；未在交通风险管控日常工作中进行落实跟踪，扣 1 分。 （2）企业交通管理部门未按照企业交通管理标准或国家法律法规开展日常交通管理工作，扣 1 分
16	交通风险控制（事件管理）	企业交通管理部门每年、季、月应对驾驶员的日常违章、未遂事件进行统计、分析，并提出防范措施和考核意见	2	企业交通管理部门未按年、季、月对驾驶员的日常违章、未遂事件进行统计、分析，扣 2 分；未针对违章、未遂提出防范措施和考核意见，扣 1 分
17	交通风险应急处置（预案）	企业交通管理部门应根据法律法规、企业交通风险及企业实际编制交通事故应急预案和现场处置方案	2	企业交通管理部门未根据法律法规、企业交通风险及企业实际编制企业交通事故应急预案和现场处置方案，扣 2 分；未按照预案和现场处置方案原则编制，扣 1 分
18	交通风险应急处置（演练）	企业交通管理部门每年应编制交通事故应急演练方案，对交通事故应急预案和现场处置方案进行一次演练，并结合演练发现对预案、现场处置方案、应急装备等进行改进	2	未每年编制交通事故应急演练方案、对交通事故应急预案和现场处置方案进行一次演练，扣 2 分；未结合演练发现对预案、现场处置方案、应急装备等进行改进，扣 1 分

表 6-1（续）

序号	评价流程	评价标准	标准分值	评分标准
19	交通风险应急处置（现场处置）	（1）发生交通事故时，企业交通管理部门应按照企业交通预案和现场处置方案开展交通事故处置。 （2）企业交通管理部门应及时开展基于交通事故的风险分析，制定预防整改措施，并落实	4	（1）企业交通管理部门未按照企业交通预案和现场处置方案开展交通事故处置，扣 2 分。 （2）企业交通管理部门未及时开展基于交通事故的风险分析和制定预防整改措施，扣 1 分
20	交通风险监测	（1）企业交通管理部门应每月对关键交通风险措施落实情况进行跟踪，确保各项措施得到有效落实。 （2）企业交通管理部门应结合春秋季安全大检查、专项检查等对企业的交通风险的辨识、评估、控制情况和措施的有效性进行检查	4	（1）企业未对关键交通风险措施落实情况进行跟踪，扣 2 分。 （2）企业未结合春秋季安全大检查、专项检查等对企业的交通风险的辨识、评估、控制情况和措施的有效性进行检查，扣 1 分
21	交通风险的变化管理	（1）企业交通管理部门管理人员应结合交通风险变化及时组织人员修订交通风险库及控制措施。 （2）当企业的交通风险突然变化且不可控时，企业交通管理部门管理人员应及时发布交通风险预警，重新制定有效的交通风险控制措施	2	（1）企业未结合交通风险变化及时组织人员修订交通风险库及控制措施，扣 2 分。 （2）企业的交通风险突然变化且不可控时，企业交通管理部门管理人员未及时发布交通风险预警，扣 2 分
22	交通风险回顾	企业每年底应当结合企业的管理评审工作、风险分析报告编制工作等对交通风险的管控工作进行回顾	2	企业未对交通风险的管控工作进行回顾，扣 2 分

5. 交通风险评估方法（资料性）

交通风险评估方法：通过对驾驶员、车辆、道路环境等危害进行现场调查，分别开展相应风险评估，并制定全面的风险管控措施（表 6-2～表6-9）。

表 6-2　车辆风险评估表

评估日期：　　年　月

序号	车辆号牌	车类	登记日期	制动系统问题描述	得分	转向系统问题描述	得分	传动系统问题描述	得分	行驶系统问题描述	得分	电气系统问题描述	得分	其他问题描述	得分	年度故障维修次数	得分	车辆使用年限	得分	风险分值	风险等级	采取的控制措施

评估说明：

车辆的机械性能的风险评估从制动系统、转向系统、传动系统、行驶系统、电气系统、其他部位、年度故障维修总频率、使用年限等 8 个方面开展车辆性能评估并制定风险防范措施。

1. 制动系统分值：（1）完好：风险值 0 分；（2）制动踏板行程（正常 15～20mm）偏大：风险值 2 分；（3）刹车总泵、分泵、助力泵漏油或气：风险值 5 分；（4）制动跑偏、刹车距离（正常 38～42m）过长：风险值 15 分。
2. 转向系统分值：（1）完好：风险值 0 分；（2）方向机漏油、自由行程（15° 以内）大：风险值 2 分；（3）转向摇臂松旷、横直拉杆球头松旷：风险值 5 分；（4）助力泵损坏：风险值 10 分。
3. 传动系统分值：（1）完好：风险值 0 分；（2）传动轴十字节松动：风险值 5 分；（3）转动轴螺丝松：风险值 10 分；（4）转动轴螺丝缺失：风险值 15 分。
4. 行驶系统分值：（1）完好：风险值 0 分；（2）钢板中心螺栓松，轮胎气压不符合标准：风险值 5 分；（3）钢板弹簧断片、半轴螺丝松、轮胎磨损严重或有硬伤：风险值 10 分；（4）轮胎螺丝松或缺失、钢板 U 型螺栓松旷：风险值 15 分。
5. 电气系统分值：（1）完好：风险值 0 分；（2）雨刮器、喇叭损坏、线路老化，刹车灯、大灯不亮：风险值 5 分；（3）水温、发动机、机油压力等三仪表不正常：风险值 10 分。
6. 其他问题分值：（1）完好：风险值 0 分；（2）倒车镜损坏、千斤顶、轮胎套筒效，无故障警示牌：风险值 5 分；（3）车架、前后桥变形，安全带失去作用或损坏：风险值 15 分。
7. 年度故障维修次数分值：平均每月不到 1 次 1 分、1 次 3 分、2 次 5 分、3 次 8 分、4 次以上 10 分。
8. 车辆使用年限分值：≤ 3 年 1 分、＞ 3 年～≤5 年 2 分、＞ 5 年～≤8 年 3 分、8 年以上 4 分。
9. 风险分值 = 制动系统 + 转向系统 + 传动系统 + 行驶系统 + 电气系统 + 其他部位的年度维修次数 + 年度维修总频率 + 行驶路况 + 使用年限。
10. 风险等级：（1）可接受风险：20 分及以下；（2）低风险：21～50 分；（3）中风险：51～70 分；（4）高风险：71 分以上。

表 6-3　驾驶员风险评估表

姓名	性别		出生年月		年龄		准驾车型		性格特点					
风险评估														
类别 风险值	A 岗位资质	风险值	B 驾龄	风险值	C 安全行车里程	风险值	D 防御驾驶技能	风险值	E 履职状况	风险值	F 身体状况	风险值	G 其他方面	风险值
风险评估内容	驾驶证和本单位内部驾驶资格有效齐全	0	5 年及以上	1	＞5 万 km	1	技能评估 85 分及以上	0	遵章守纪，年内无违章	0	身体良好	0	无投诉	0
	驾驶证过期没有及时年审或体检	3	＞3 年～＜5 年	3	＞4.5 万 km～≤5 万 km	3	技能评估 ≥60～＜85 分	5	1 年内有 4 次以下违章行为	5	视力听力有障碍或血压偏高	10	有服务投诉	1 年内 1 次 2；2 次 5；3 次 10
	驾驶证或本单位内部驾驶资格无效的	30	3 年及以下	5	＞3.5 万 km～≤4.5 万 km	5	技能评估 60 分以下	30	1 年内有 5 次以下违章行为	10	有影响驾驶行为的伤病（如手、脚有疾病不能活动等）	30	有行车安全投诉	1 年内 1 次 5；2 次 8；3 次 10；4 次以上 20
					≤3.5 万 km	7			1 年内发生责任交通事故	轻微事故：次要 8、同等 10、全部 12；一般事故：次要 13、同等 15、全部 18；重大和特大：次要 20、同等 30、全部 35。				
评分														
评分总计	0													
风险评估结果	低风险 C 类 20 分及以下□					中风险 B 类 21～29 分□					高风险 A 类 30 分及以上□			
风险控制措施描述	通过风险评估为：×× 风险													

表 6-4　防御性驾驶技能评估表

姓名			
项目	评估维度	标准分值	评估员观察评分
优化行车计划、做好行车准备和交通安全、车辆管理规定认知（理论考试）	（1）接受任务后应从哪几个方面优化行车计划？ （2）你准备执行一项行车任务，天气预报可能出现雷雨、大雾、冰雪等天气，你打算如何控制行车风险？ （3）出车前应从哪几个方面做好行车准备工作？ （4）出车前应做好哪些应急准备（天气是否异常）？夜间、大雨、大雾天气出车前应做哪几个方面的检查？ （5）交通安全和车辆管理规定的认知	20	
遵守行车规定（道路驾驶）	掌握机动车驾驶技能，具备综合控制机动车的能力和正确观察，判断道路交通情况的能力；察看在道路驾驶过程中遵守交通法律法规和本单位车辆管理规定情况（行车记录仪监控）	50	
持续风险评估（道路驾驶）	（1）能提前预测行人和其他驾驶人动向并做出安全响应； （2）行驶中至少每 20s 观察一次车辆两侧及后方情况，及时识别危害和风险，提前采取控制措施； （3）通过连续弯道、窄路（桥），山路等复杂路段时，做到提前减速，观察确认安全后，低速通过，遇恶劣天气，提前采取安全行车控制措施（行车记录仪监控）	15	
虚心接受监督	（1）驾驶员虚心接受评估人的劝告和建议； （2）日常行车中能虚心接受用车人或其他人的劝告和建议	5	
持续改进驾驶行为	（1）回场后，能按照操作规程的要求对全车进行检查和维护； （2）驾驶员自觉对本次行车自评估，分析行车过程中遇到的险情及处理方法，提出改进措施； （3）驾驶员能自觉参加交通安全活动	10	
合　计		100	0
评估人员：	评估日期：　　年　月		

表 6-5　驾驶员风险评估及控制措施表

<table>
<tr><td rowspan="5">序号</td><td rowspan="5">姓名</td><td rowspan="5">风险分值</td><td>风险等级</td><td rowspan="5">采取的控制措施</td></tr>
<tr><td>可接受风险：10 分及以下</td></tr>
<tr><td>低风险：11～20 分</td></tr>
<tr><td>中风险：21～29 分</td></tr>
<tr><td>高风险：30 分及以上</td></tr>
<tr><td>1</td><td></td><td></td><td></td><td></td></tr>
<tr><td>2</td><td></td><td></td><td></td><td></td></tr>
<tr><td colspan="5">概述：驾驶员风险等级分布情况：1. 高风险：　　人；2. 中风险：　　人；3. 低风险：　　人；4. 可接受风险：　　人。</td></tr>
</table>

评估说明：

驾驶员的履职能力风险评估从岗位资质、驾龄、安全行车里程、防御驾驶技能、履职状况、身体状况及其他方面等开展驾驶员的履职能力风险评估并制定风险防范措施。

风险值＝岗位资质＋驾龄＋安全行车里程＋防御驾驶技能＋履职状况＋身体状况＋其他方面。

表 6-6 道路交通风险评估表

序号	目的地	道路情况		长度	高速路占比	城市道路和乡镇道路占比	二级路占比	风险值	风险等级	防控措施
		城镇分布情况	路况构成	1. ≤ 200km 1 分 2. ＞ 200km ~ ≤ 400km 1.5 分 3. ＞ 400km ~ ≤ 500km 为 2 分	1. ≤ 50% 2 分 2. ＞ 50% ~ ≤ 80% 4 分 3. ＞ 80% 5 分	1. ≤ 50% 1 分 2. ＞ 50% ~ ≤ 80% 3 分 3. ＞ 80% 4 分	1. ≤ 40% 1 分 2. ＞ 40% ~ ≤ 80% 2 分 3. ＞ 80% 3 分		1. 低风险：≤ 8 分 2. 中风险：＞ 8 分 ~ ≤ 12 分 3. 高风险：＞ 12 分	

表 6-7 交通安全危害因素及风险等级概述表

序号	辨识维度	危害来源	危害因素	后果	风险等级	防控措施
1	车辆	转向系统、制动系统、车轮和轮胎、底盘和其他部位	车辆工作系统出现故障	车辆、人员、公共财产损失	风险数量： 项，风险分布情况如下： （1）高风险： 项 （2）中风险： 项 （3）低风险： 项 （4）可接受风险： 项	
2	驾驶员	心理情绪、职业道德、疲劳驾驶	违反职业道德规范、违章驾驶、行车安全意识不强、麻痹大意、斗殴赌气、超速行驶、酒后驾车、开故障车、长时间占用超车道行车、严重超载、疲劳驾驶等	车辆、人员、公共财产损失	风险数量： 项，风险分布情况如下： （1）高风险： 项 （2）中风险： 项 （3）低风险： 项 （4）可接受风险： 项	
3	道路交通环境	本单位本部往返各变电站工作途中	城市道路、高速公路、乡镇道路、路况复杂，车辆、非机动车、行人流动频繁等	车辆、人员、公共财产损失	风险数量： 项，风险分布情况如下： （1）高风险： 项 （2）中风险： 项 （3）低风险： 项 （4）可接受风险： 项	
风险点合计					风险数量： 项，风险分布情况如下： （1）高风险： 项 （2）中风险： 项 （3）低风险： 项 （4）可接受风险： 项	

表 6-8　车辆保养计划及车辆报废关注事项

序号	车辆号牌	车类	登记日期	风险等级	车辆保养计划	车辆报废关注事项				
						已使用年限	行驶里程 / km	行驶道路情况	20×× 年修理情况	20×× 年修理费 / 元
1										
2										
3										

注：根据风险评估的情况，车辆保养计划编制原则如下：
（1）每月保养一次的车辆：（　）站和（　）站的交通车因每日往返 450km，每月行驶将近 10000km，需每月保养一次。
（2）两月保养一次的车辆：输电运维用生产车辆因道路环境复杂、恶劣，且部分车辆年限较长，每月行驶 2000 ~ 4000km 及以上需每两月保养一次。
（3）其他生产车辆每季度保养一次。
（4）年内用车量很少的每年保养两次。

表 6-9　驾驶员日常管理要点分析表

序号	姓名	风险评估结果						
		岗位资质	驾龄	安全行车里程	防御驾驶技能	履职状况	身体状况	其他状况
情况分析		驾驶证和本单位内部驾驶资格	（1）5 年及以上驾龄　人； （2）＞3 ~ ＜5 年驾龄　人； （3）3 年及以下　人	（1）安全行车 5 万 km 以上　人； （2）安全行车 ≥ 4.5 ~ ≤ 5 万 km　人； （3）安全行车 ≥ 3.5 万 km ~ ＜4.5 万 km　人； （4）3.5 万 km 以下　人	（1）技能评估 85 分及以上　人； （2）技能评估＞60 ~ ＜85 分　人； （3）技能评估 ≤ 60 分以下　人	（1）遵章守纪，年内无违章　人； （2）1 年内有 4 次以下违章行为　人； （3）1 年内有 5 次以下违章行为　人； （4）1 年内发生责任交通事故　人	（1）身体良好　人； （2）视力听力有障碍或血压偏高　人； （3）有影响驾驶行为的伤病（如手、脚有疾病不能活动等）　人	（1）无投诉　人 （2）1 年内服务投诉　次； （3）1 年内行车安全投诉　次
日常管理注意事项								

6. 常见恶劣天气下的交通安全风险防控原则（资料性）

为确保行车安全，根据风险评估情况，针对恶劣天气、道路湿滑等特殊气象条件，特制定本原则。

（1）在不影响各项安全生产和任务完成的前提条件下，与用车需求部门协商，适当压缩车辆的使用频率。

（2）组织春季、冬季车辆交通安全大检查，做好车辆安全技术状况维护，确保制动、方向、灯光、轮胎、雨刮器等性能良好。

（3）加强驾驶员在恶劣天气下安全行车的教育和应对技能培训，针对春季、冬季道路情况复杂等特点，制定春季、冬季安全行车注意事项。

（4）恶劣天气条件下，由综合部负责本单位车辆的统一审批，因特殊情况需要改变行车路线的，必须及时向综合部负责人汇报。

（5）明确在恶劣气象条件下行车安全责任，通过信息平台提示驾驶员谨慎驾驶、注意安全。

（6）根据天气情况减少车辆的派遣台次。急办工作，事先进行登记，待天气情况好转后，再进行派车。

（7）严格履行派车单审批制度。市、县域以外使用车辆，春季、冬季冰雪，大雾等特殊气象条件下执行行车应急预案。

（8）春季、冬季防冻出车前安全交底事项：及时进行换季保养更换防冻液，启动发动机时不要大轰油门，起步前先用怠速对发动机进行预热，起步后要低速行驶一段路，底盘运转正常后，方可加速行驶。

（9）春季、冬季防滑出车前安全交底事项：雾、雨、雪天气，路面极易湿滑，驾驶员要严格按规定的车速行驶，思想上要保持高度警惕，保证充沛的精力，密切关注道路情况变化，提前采取措施。

（10）春季、冬季防雾出车前安全交底事项：多雾、多霜、多雨、多雪天气，能见度低，行车时视线模糊，容易使驾驶员产生错觉，以致判断失误，发生事故。当遇到浓雾弥漫无法前进时（视线不到10m），应停车避让，待雾气减退后再走，视线在30m以内时，车速不得超过20km/h，行驶中严禁超车。

（11）车辆在冰雪路面行驶处置安全交底事项：车辆在冰雪路面上行驶，因汽车轮胎与路面的摩擦系数减小、附着力大大降低，汽车驱动轮很容易打滑或空转，尤其是上坡、起步、停车时还会出现后溜车的现象，车辆在行驶中如果突然加速或减速，很容易造成侧滑及方向跑偏现象。上述情况紧急制动时，制动距离会大大延长，一般高于干燥路面的4倍以上。

1）车辆在冰雪路面上行驶时，要时刻保持安全的行车距离。

2）驾驶员要集中精力，及时果断处理各种情况。最关键的是要做到：降低车速、提前收油；轻点刹车、引擎制动；放宽距离、宽打窄用。特别注意以下几个方面的问题：

①在冰雪路面上起步时，应缓加油、慢抬离合器，如果在起步时出现车轮打滑的现象，可挂入比平时高一级的挡位，离合器松开时比往常慢，调整传动力的大小，最好用半离合的幅度来解决。在坡路上起步时，一旦起步发生侧滑，要充分利用紧打方向的办法来纠正。

②在行车中，要始终保持低速平稳驾驶，需加速或减速时，油门应缓缓踏下或松开，以防车辆发生侧滑。由于制动距离会随着车速的提高而加大，所以，控制车速和与前车保持较大的安全距离是冰雪路面行车的关键。

③冰雪路面上禁忌急打方向盘，当需要转向时也要先减速，适当加大转弯半径并慢打方向盘。应双手握住方向盘，操作要匀顺缓和，否则就会发生侧滑。

④在冰雪路上行驶，驾驶员应集中精力，避免紧急制动，尽量少用脚制动，应先利用发动机的“牵阻”制动进行减速，使发动机转速迅速下降，迫使驱动轮转速降低。

⑤冰雪路面上行车最好不要超车，跟在前车后面谨慎行驶。如果要超车必须变更车道时，千万不要急打方向盘，要注意观察欲变更车道前后车辆的距离，可以超车时，先打开转向灯，多看相应方向的后视镜，确认没有危险时再变更车道超车。

⑥会车时要保持较大的横向安全距离，冰雪路面行车进出主路、通过十字路口、左右转弯、双方会车，以及遇有行人和自行车时，要充分顾及他人，礼貌让行，始终保持较大的横向安全距离。

⑦一定要保持良好的心理状态，冰雪路面虽然不可怕，但也要谨慎慢行，分不同情况具体处理。遇上突发紧急情况时，千万不要惊慌失措，更不要做过激的动作，应该做到头脑沉着冷静，按照自己的分析判断，果断处理。

（12）雾天行车时，能见度下降，影响驾驶员的观察和判断，很容易发生交通事故，对安全行车构成严重威胁。车辆在雾天行驶时安全交底事项：

1）出车前注意检查防雾灯、示宽灯、尾灯是否完好，遇到雾天时及时开灯。

2）控制好车速，适当加大与前车的安全距离，注意观察路面及行人动态，提前采取措施。

3）尽量避免紧急制动或停车，如需停车应先轻踩刹车几下，通过刹车灯提醒后车注意，以防追尾。

4）一般情况下应以中低速度行驶，用牵阻力拖慢车速代替猛踩刹车，以防跑偏和侧滑。

5）严禁超车和抢行，以免发生意外。

7. 出车调度策略（资料性）

出车调度策略见表 6-10。

表 6-10　出车调度策略

序号	任务类型	资源组合
1	公务接待	（1）车 1）禁止使用中级风险等级及以上的车辆。 2）禁止使用皮卡车、非承载车辆及一般的商务用车。 （2）人 1）禁止安排近两个月内发生有人员受重伤以上的责任交通事故或重大交通事故的驾驶员。 2）禁止安排影响行车安全的患病的驾驶员。 3）禁止安排防御驾驶技能或驾驶技能评估不及格的驾驶员。 （3）道路 注意本单位发布的风险点，选择最佳线路，做好预控措施安排
2	所辖站点交接班	（1）车 1）禁止使用中级风险等级及以上的车辆。 2）禁止使用皮卡车、非承载车辆（带四驱的越野车）。 （2）人 1）禁止安排近两个月内发生有人员受重伤以上的责任交通事故或重大交通事故的驾驶员。 2）禁止安排影响行车安全的患病的驾驶员。 3）禁止安排防御驾驶技能或驾驶技能评估不及格的驾驶员。 （3）道路 注意本单位发布的风险点，选择最佳线路，做好预控措施安排安排

表 6-10（续）

序号	任务类型	资源组合
3	所辖站点设备抢修	（1）车 1）兼职驾驶员禁止使用中级风险等级及以上的车辆。 2）禁止使用非承载车辆。 （2）人 1）禁止安排近两个月内发生有人员受重伤以上的责任交通事故或重大交通事故的驾驶员。 2）禁止安排影响行车安全的患病的驾驶员。 3）禁止安排防御驾驶技能或驾驶技能评估不及格的驾驶员。 （3）道路 注意本单位发布的风险点，选择最佳线路，做好预控措施安排
4	输电线路运维（抢修）	（1）车 1）兼职驾驶员禁止使用中级风险等级及以上的车辆（所有中级风险等级及以上车辆的车牌号）。 2）禁止使用承载式车辆（不带四驱的越野车）。 （2）人 1）禁止安排近两个月内发生有人员受重伤以上的责任交通事故或重大交通事故的驾驶员。 2）禁止安排影响行车安全的患病的驾驶员。 3）禁止安排防御驾驶技能或驾驶技能评估不及格的驾驶员。 （3）道路 注意本单位发布的风险点（详见线路行车危害因素分析），选择最佳线路，做好预控措施安排

第七章　职业健康风险管控

1. 目的

识别生产活动中影响人员健康的危害因素，评估并从源头预防和控制职业健康风险，为员工提供符合职业健康要求的工作环境和条件，保障员工职业健康权益。

2. 名词解释

职业健康危害：生产劳动过程及其环境中产生或存在的，对职业人群的健康、安全和作业能力可能造成不良影响的一切要素或条件的总称。包括物理危害、化学危害、生物危害、人机工效危害和心理危害。

职业健康风险评估：辨识职业健康危害可能引发特定事件的可能性、暴露和结果的严重度，或通过定性风险分析，将现有风险水平与规定的标准、目标风险水平进行比较，确定风险是否可以容忍的全过程。

职业禁忌：劳动者从事特定职业或者接触特定职业危害因素时，比一般职业人群更易于遭受职业病危害和罹患职业病，或者可能导致原有自身疾病病情加重，或者在作业过程中诱发可能导致对他人生命健康构成危险的疾病的个人特殊生理或病理状态。

3. 主要管理内容

坚持预防为主，全面辨识生产活动过程中的职业危害因素，定期监测和评估职业健康风险，通过职业健康宣传培训，提高人员防护意识；通过项目前期职业病危害预评价、职业病防护设施设计、职业病危害控制效果评价及防护设施验收，实施建设项目职业危害预防管理；通过在生产活动中落实职业健康风险控制措施、规范劳动过程防护管理、职业医疗与康复管理、监测回顾职业健康管理情况等，持续管控职业健康风险。

4. 职业健康风险管控流程（图 7-1）

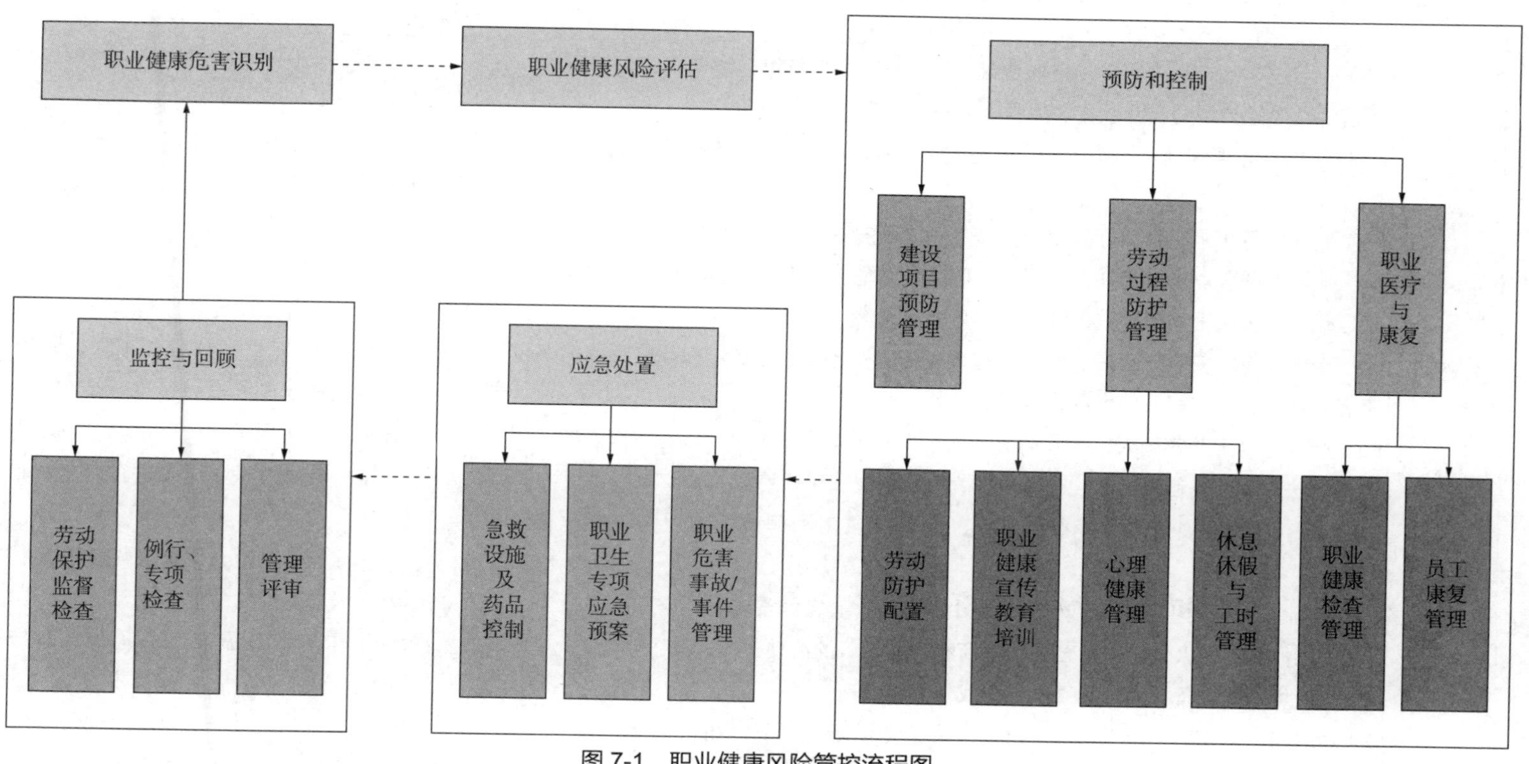

图 7-1　职业健康风险管控流程图

5. 职业健康风险管控评价标准（表 7–1）

表 7-1　职业健康风险管控评价标准

序号	评价流程	评价标准	标准分值	查评方法
1	职业健康危害因素识别	（1）企业应当结合自身实际制定职业健康风险管控制度标准，要明确职业健康危害辨识与风险评估的实施职责、流程、方法和管理等内容。 （2）制度标准职责应明确，工作内容应与实际情况相符，标准编制应体现“5W1H”。 （3）企业应每年组织员工开展职业健康危害因素普查，辨识本单位不同工种、不同区域涉及的职业健康潜在危害因素。职业健康危害因素包含但不仅限于物理因素、化学因素、生物因素、人机工效、心理因素。 （4）企业应组织安全区代表、专业管理人员组成核定专家组核定职业健康危害因素普查结果，确定职业健康危害因素清单。 （5）企业应制定并实施人机工效调查计划。人机工效的调查至少应考虑作业的方式与方法、工器具使用方法、环境条件、劳动组织和对话界面。 （6）每年组织开展员工心理健康调查，为辅导员工和职业压力评估收集数据信息。 （7）企业应对下列生产系统和作业活动中的危险、有害因素辨识： 1）进入作业场所人员（包括合同承包商和访问者）的活动； 2）作业场所的设备，无论是否由组织或外界提供； 3）新材料、新工艺、新设备以及设备、系统技术改造可能产生的风险及后果； 4）全面识别作业活动中的危险点和危险源。 （8）在生产活动发生变化时，应组织对各业务活动中可能导致的职业健康因素进行辨识和更新	6	（1）企业未建立职业健康危害辨识与风险评估标准，扣 3 分。 （2）企业制度标准职责不明确、工作内容与实际情况不相符、内容编制“5W1H”不明确，每项扣 2 分。 （3）企业未按要求定期开展普查，扣 2 分。 （4）企业存在职业健康危害的生产活动区域未进行普查，每处扣 1 分；职业健康危害因素识别不全，每少一个扣 1 分；职业健康危害因素与实际不符，每个因素扣 1 分；未编制职业健康危害因素清单，扣 2 分。 （5）企业未制定人机工效调查计划并实施，扣 1 分。 （6）未组织开展员工心理健康普查，扣 1 分。 （7）企业未对生产系统和作业活动中的危险、有害因素辨识，每类扣 1 分。 （8）发生变化时，职业健康危害因素动态更新不及时，每项扣 1 分

表 7-1（续）

序号	评价流程	评价标准	标准分值	查评方法
2	职业健康风险评估	（1）企业应组织员工开展职业健康风险评估培训，员工应掌握风险评估方法。 （2）企业应根据职业健康危害因素清单，及职业健康危害因素特性选择定性或定量的评估方法。 （3）针对可测量的噪声、照度、高温等物理危害因素和甲醛、总挥发性有机物（TVOC）等化学危害因素，企业应开展危害因素检测，公布职业健康因素清单和检测结果，进行定量风险评估。 （4）针对生物危害、人机工效、心理因素等危害因素无法量化或者暂时无法取得量化检测数据时，企业应进行定性风险评估。 （5）企业应根据危害特性、产生风险的条件、后果等风险分析情况，遵循“消除/终止、替代、转移、工程、隔离、行政管理、个人防护”的顺序选择控制方法，制定针对性、可行性、可操作性、有效性、经济性风险控制措施。 （6）企业每年应基于职业健康风险评估结果建立职业健康风险数据库，结合人机工效危害因素风险评估、员工体检分析、心理调查结果分析结果编制职业健康风险概述，并正式公布风险概述。风险概述应包括风险数据分析概况、面临的主要风险、风险管控方法、风险控制措施。 （7）企业员工应了解其生产区域、活动中存在的职业健康危害因素及采取的控制措施。 （8）企业发生职业健康事故/事件、意外或未遂，新材料、新设备、新工艺、新技术或新的工作场所投入使用前，生产过程中暴露的高风险问题时，应对职业健康风险数据库进行动态更新	6	（1）企业员工不掌握职业健康风险评估方法，每人次扣 1 分。 （2）企业未公布职业健康因素清单、检测结果，检测结果未纳入风险评估，每项扣 1 分。 （3）企业职业健康危害因素未开展风险评估，每个因素扣 1 分；采用的评估方法不准确，每项扣 1 分。 （4）企业风险评估数据不准确、控制措施无针对性，每项扣 1 分。 （5）企业未建立职业健康风险数据库、未公布风险概述，扣 3 分；风险概述内容不全面，每缺少一项扣 1 分。 （6）企业员工不了解职业健康因素及风险，每人扣 1 分。 （7）企业风险数据库动态更新不及时，每项扣 1 分
3	预防和控制	（1）企业应针对超标或对职业健康造成较大影响（未超标）的可监测的电场、磁场、噪声、照度、甲醛、TVOC 等危害因素，制定监测计划，定期开展监测工作。 （2）企业应每年根据职业健康风险概述和员工体检现状、人机工效调查结果、心理健康调查结果，明确职业健康风险管控目标、任务和具体措施并正式发布。 （3）企业应将职业健康风险控制措施执行计划纳入日常工作计划一并实施和跟踪，针对风险控制措施执行过程中的差异，及时调整、优化措施	6	（1）企业未制定职业健康监测计划，扣 3 分。 （2）企业未正式发布职业健康风险管控目标、任务和具体措施，扣 3 分。 （3）企业未将措施纳入日常工作计划落实，未针对执行问题及时调整措施，每项扣 1 分

表 7-1（续）

序号	评价流程	评价标准	标准分值	查评方法
4	预防和控制	企业应将电网设项目根据国家《建设项目职业病防护设施“三同时”监督管理办法》等规章要求，组织开展建设项目职业病危害预评价、职业病防护设施设计、职业病危害控制效果评价及防护设施验收等工作，从源头上控制或消除职业病危害	2	企业未在项目启动前开展职业病危害预评价，未落实“三同时”要求，未开展防护设施验收，每项扣 1 分
5	预防和控制	企业应结合职业健康风险评估结果，为员工配置必要的劳动防护用品。对职业病防护设施、应急救援设施和个人使用的职业病防护用品，应当进行经常性的维护、检修，定期检测其性能和效果，确保其处于正常状态，不得擅自拆除或者停止使用	4	（1）企业未配置必要的劳动防护用品，扣 2 分。 （2）企业配置的劳动防护用品功能失效，每项扣 1 分
6	预防和控制	（1）企业应组织开展职业健康知识教育和培训，使员工掌握风险评估和控制方法、应急防护和救援措施。 （2）企业应组织员工参加急救员资格培训并取证	4	（1）企业未开展职业健康知识教育和培训，扣 1 分。 （2）企业未组织员工急救员培训，扣 1 分
7	预防和控制	（1）企业应健全心理健康管理机制，利用员工辅导计划等载体及时开展心理健康管理。 （2）企业每年组织的心理健康普查、评估结果应输入到职业健康风险评估表中。 （3）企业应基于岗位变动、事故 / 事件等可能引起心理波动的变化开展员工心理调查，关注员工个体或特定群体的心理波动情况，及时进行心理辅导	6	（1）企业未健全心理健康管理机制，扣 1 分。 （2）企业未将心理健康普查、评估结果输入到职业健康风险评估表中，扣 1 分。 （3）企业未基于变化开展调查并及时进行心理辅导，扣 1 分
8	预防和控制	（1）企业应按照工时标准组织生产，并给予员工适当的休息休假。 （2）室外工作应根据高温、低温、大风、大雨等劳动环境变化情况科学安排作业时间，防止过度疲劳工作	4	（1）企业未按要求安排员工休假，每人次扣 0.1 分。 （2）企业未根据劳动环境变化情况调整作业时间，造成事故事件，扣 2 分

表 7-1（续）

序号	评价流程	评价标准	标准分值	查评方法
9	预防和控制	（1）企业食堂应按要求取得《餐饮服务许可证》等相关资质。 （2）企业食堂食材采购应选择符合要求的定点供应商。 （3）食堂工作人员必须持有效健康证上岗。 （4）食堂食品应按要求进行留样，餐具清洁、消毒和存放应满足标准	6	（1）企业未取得《餐饮服务许可证》等相关资质，扣1分。 （2）企业采购未选择符合要求的定点供应商，扣1分。 （3）企业食堂工作人员未持有效健康证上岗，每人扣1分。 （4）企业未按要求进行留样，每次扣1分。 （5）企业餐具清洁、消毒和存放未满足标准，每次扣1分
10	预防和控制	（1）企业应识别废料种类、数量及相关风险，制定废料控制措施进行有效管理。 （2）企业应定期清理废料，危险废物应由有资质的承包商回收处理并取得政府部门的《危险废物转移联单》。 （3）企业应记录并保存危险废物处理信息	4	（1）企业未识别废料风险并制定控制措施，扣2分。 （2）企业危险废物未按要求交由有资质的承包商回收处理，扣1分。 （3）企业未记录保存危险废物处理信息，每次扣1分
11	预防和控制	（1）企业应建立明确管理职责、管理内容和危害因素的防范及改良方法的人机工效管理机制。 （2）企业人机工效管理内容应全面，涵盖作业方式、方法、工器具使用方法、作业环境、劳动组织安排、对话界面等内容。 （3）企业应对调查发现的人机工效危害因素进行风险评估，针对问题制定控制措施，达到优化人机界面，改良作业环境、作业条件等效果。 （4）企业应对员工进行人机工效知识培训，使员工知晓人机工效的目的和作用。 （5）企业在设计与采购过程中应充分考虑人机工效的要求	6	（1）企业未建立人机工效管理机制，扣3分。 （2）企业人机工效管理内容不全面，每项扣1分。 （3）企业风险评估数据不准确、控制措施无针对性，每项扣1分。 （4）企业管理人员不理解或不清楚人机工效应用情况，相关人员未有效应用到实际中，扣1分。 （5）企业未在设计与采购过程中充分考虑人机工效要求，造成伤害事件，每起扣2分

表 7-1（续）

序号	评价流程	评价标准	标准分值	查评方法
12	预防和控制	企业应为员工开展必要的身体健康检查。每年对照国家《职业健康监护技术规范》及时识别并确定需要特殊体检的岗位、体检项目及周期，组织需特殊体检的员工分类进行上岗前、在岗期间、离岗时和离岗后的职业健康检查，并将检查结果和相关建议书面告知员工	4	（1）企业未每年开展身体健康检查，扣2分。 （2）企业未识别特殊岗位体检，扣1分。 （3）企业未组织需特殊体检的员工分类进行上岗前、在岗期间、离岗时和离岗后的职业健康检查，扣1分
13	预防和控制	（1）企业应为接触职业病危害且可能产生职业病的员工建立职业健康监护档案，并按规定期限妥善保存。 （2）企业应安排从事接触职业病危害因素作业的员工进行上岗前职业健康检查，不得安排有职业禁忌的员工从事其所禁忌的作业。 （3）企业应针对可能造成员工身心健康损害的高温中暑、食物中毒、有毒有害气体中毒、生物伤害、缺氧窒息、传染病等突发事件，建立完整有序的职业健康应急管理机制。编制职业健康应急预案，及时发布预警并根据现场变化情况采取应急处置措施	6	（1）企业未建立职业健康监护档案，扣2分。 （2）企业安排有职业禁忌的员工从事其所禁忌的作业，每人次扣1分。 （3）企业未建立职业健康应急管理机制，扣2分。 （4）企业未编制职业健康应急预案，扣1分
14	应急处置	企业应根据职业健康风险评估结果结合实际，在生产基建、办公生活等工作场所和施工车辆上配置相应的急救设施与急救药箱，在急救药箱配置符合国家医药卫生许可条例规定的急救药品	2	（1）企业未配置相应的急救设施与急救药箱，扣1分。 （2）企业急救药品配置不符合国家医药卫生许可条例规定，扣1分
15	应急处置	企业应在职业健康风险失控的紧急情况下执行应急措施，并根据实际进行调整，将风险影响降至最低	2	企业未制定或未执行应急措施，每项扣1分

表 7-1（续）

序号	评价流程	评价标准	标准分值	查评方法
16	应急处置	（1）发生职业病危害事故事件时，应按国家法律法规的有关规定，进行相应的汇报与处理。 （2）对于因职业健康危害发生工时损失的，应纳入本单位百万工时工伤意外率统计	4	（1）发生职业病危害事故事件时，企业未进行相应汇报和处理，扣 2 分。 （2）因职业健康危害发生工时损失，未纳入本单位百万工时工伤意外率统计，每项扣 1 分
17	检查与回顾	企业工会应负责定期组织开展劳动保护监督检查，依法对员工职业健康权益保障进行监督和维护	2	企业未定期组织开展劳动保护监督检查，扣 1 分
18	检查与回顾	企业应通过安全生产会议、安全检查、劳动保护监督检查、合理化建议等定期对职业健康风险控制的效果进行监测、评估，及时修正、完善风险控制措施	2	企业未定期开展职业健康风险控制效果评估，扣 2 分
19	检查与回顾	企业应每年通过风险分析报告、管理评审对职业健康风险管控模式及其运作过程、风险控制措施的制定和执行、风险投入的合理性和有效性进行回顾，对存在的不足进行改进	4	（1）企业未开展职业健康管理回顾，扣 2 分 （2）职业健康管理回顾不全面，每项扣 1 分 （3）发现问题未整改到位，每项扣 1 分

6. 职业健康风险评估方法（资料性）

职业健康风险评估方法：全面辨识生产活动过程中的职业危害因素，辨识职业健康危害可能引发特定事件的可能性、暴露和结果的严重度，或通过定性风险分析，将现有风险水平与规定的标准、目标风险水平进行比较，确定风险是否可以容忍的全过程，见表 7-2。

表 7-2　职业健康风险评估表

<table>
<tr><td rowspan="4">评估日期</td><td rowspan="4">部门/单位</td><td rowspan="4">区域</td><td rowspan="4">工种</td><td rowspan="4">危害名称</td><td rowspan="4">危害类别</td><td rowspan="4">危害信息描述</td><td rowspan="4">风险描述</td><td rowspan="4">可能暴露于风险的人员、设备等其他信息</td><td rowspan="4">现有的控制措施</td><td colspan="5">定量风险等级分析</td><td rowspan="4">建议采取的控制措施</td><td rowspan="4">控制措施的有效性（纠正程度）</td><td rowspan="4">控制措施的成本因素</td><td rowspan="4">控制措施判断结果</td><td colspan="2">建议措施的采纳</td></tr>
<tr><td>健康危害程度 S</td><td>接触值 E</td><td>暴露频率 P</td><td>风险值 $R=S\times E\times P$</td><td>风险级别</td><td rowspan="3">是</td><td rowspan="3">否</td></tr>
<tr><td colspan="5">定性风险分析</td></tr>
<tr><td>X 分值</td><td>Y 分值</td><td colspan="2">$X+Y$ 总分值</td><td>风险级别</td></tr>
<tr><td></td><td></td><td></td><td></td><td></td><td></td><td></td><td></td><td></td><td></td><td></td><td></td><td></td><td></td><td></td><td></td><td></td><td></td><td></td><td></td><td></td></tr>
<tr><td></td><td></td><td></td><td></td><td></td><td></td><td></td><td></td><td></td><td></td><td></td><td></td><td></td><td></td><td></td><td></td><td></td><td></td><td></td><td></td><td></td></tr>
<tr><td colspan="21">评估说明：
1. 职业健康危害辨识
（1）辨识各工种、区域潜在的危害因素。根据《职业健康危害因素清单》（表 7-12），参照《职业健康危害辨识普查表》（表 7-13）以普查或调查问卷方式辨识本单位不同工种、不同区域涉及的职业健康潜在危害因素。对于物理危害、化学危害和生物危害，采用危害因素普查方式进行辨识；对于人机工效和心理危害因素可采取调查问卷的方式进行辨识。生产经营单位典型工种、典型区域分别详见《职业健康风险评估工种参考表》（表 7-14）和《职业健康风险评估区域参考表》（表 7-15）。
（2）分析危害因素辨识过程发现的危害源。对发现的职业健康危害源，应在《职业健康危害辨识普查表》的“危害描述”栏进行分析、描述，如产生危害的设备设施、地点位置、受影响人员、受影响时间等。在“目前采取的防护措施”栏记录现在采取的各类防护措施。
（3）危害因素核定。组织专业人员核定危害因素辨识结果，确定危害是否存在，必要时现场查看验证。
（4）危害因素检测。梳理危害因素的核定结果，确定是否开展定量检测。针对可定量检测的危害因素，按照国家标准或行业标准规定，通过自行检测或委托具有相应资质的专业机构检测，确定危害程度大小；针对不可定量检测的危害因素，可开展定性危害程度分析。</td></tr>
</table>

表 7-2（续）

2. 职业健康风险评估 （1）根据危害因素属性选取定量或定性风险评估。对于可量化的物理危害和化学危害等危害因素开展定量的职业健康风险评估。对于不可或较难量化的危害因素开展定性的职业健康风险评估。 （2）定量风险评估。对于可量化的物理危害（如噪声、照度、高温、低温、工频电磁场等）和化学危害（如六氟化硫及其分解物、甲醛、氟利昂、TVOC 等）等，在完成相关危害因素检测以后，根据检测结果进行定量风险评估。 1）确定 S、E、P 3 个因素的取值。其中，S 为健康危害程度；E 为危害因素的接触值；P 为职业暴露的频率。 S：即危害因素导致的健康损害和不良影响的程度。根据后果严重程度划分为 5 个等级，不同的危害因素所处的等级不同。根据识别出的危害因素，参照表 7-3 可确定其健康危害程度等级和 S 的分值。 E：危害因素的接触值。将每一项危害因素的接触值划分为 5 个区间，根据某个区域某个危害因素的实际检测值可判断其所处的区间，参照表 7-4 可确定 E 的分值。 P：职业暴露频率。根据具体工种的实际工作情况，判断暴露于某项危害因素的频率，参照表 7-6 确定 P 的分值。 2）确定风险等级。风险评估公式为：风险值（R）= 危害程度（S）× 接触值（E）× 暴露频率（P），参照表 7-7 确定其风险等级和应对策略。 3）评估控制措施的纠正程度。针对新提出的控制措施，评估其消除或减轻风险的程度，参照表 7-8 确定纠正程度等级的取值。 4）评估控制措施的成本因素。根据新提出的控制措施，估计可能需要花费的成本，参照表 7-9 确定成本因素等级的取值。 5）计算控制措施经济性判断值。计算新提出控制措施经济性的判断数值 J，计算公式如下： $$\text{判断}（J）=\frac{\text{风险值}}{\text{成本因素}\times\text{纠正程度}}$$ 若 $J \geqslant 10$，预期的控制措施的费用支出恰当； 若 $J < 10$，预期的控制措施的费用支出不恰当。 6）确定控制措施是否采纳：根据以上判断值 J 的计算结果以及现场的可操作性、适宜性、资源情况等进行综合判别后确定是否采纳该控制措施。 （3）定性风险评估：当某项危害因素无法量化（如生物危害、人机工效、心理因素等）或者暂时无法取得量化检测数据时，使用定性风险评估方法。主要从 5 个因素开展评估，即个人直观感受、培训、个人防护、应急处置、管理效力等。可采用检查表方式逐一检查（参见表 7-10），依据赋分原则逐一对 X 或者 Y 赋分，并将 X 和 Y 的分数分别相加，用相加后的得分与判断标准（参见表 7-11）进行比对，从而得出该危害因素对应的风险是可接受风险或者不可接受风险。

表 7-3　健康危害程度（*S*）等级划分及取值

序号	健康危害程度	分值
1	极度危害：苯	10
2	高度危害：甲醛、一氧化碳、氯化钴	6
3	中度危害：噪声、高温、低温、高原低氧、振动、甲苯、二甲苯、氟利昂、氨、TVOC	4
4	轻度危害：汽油、照度、工频电磁场、X 射线、二氧化碳、六氟化硫及其分解物	2
5	轻微危害：健康危害很小且可逆，或者没有已知或怀疑的不良健康效应	1
注 1：表中主要是电网企业常见物理、化学危害因素，各单位可根据实际进行补充完善。 注 2：化学危害因素危害程度等级划分参考 GBZ 230—2010《职业性接触毒物危害程度分级》。		

表 7-4　危害因素的接触值（*E*）

序号	危害因素（限值）	危害因素接触值	分值
1	噪声（限值：生产场所 85dB，办公场所 60dB）	≥ 95dB	10
		≥ 90dB ~ < 95dB	6
		≥ 85dB ~ < 90dB	3
		≥ 80dB ~ < 85dB	2
		< 80dB	1
2	高温［使用说明：（1）首先确定体力劳动强度；（2）确定接触时间率，找出对应的职业接触限值；将限值代入公式计算等级范围；（3）比如：体力劳动强度 II 级，接触时间率为 75% 的岗位，其处于广东地区，职业触限值为 30℃。若岗位实测 WBGT 指数为 32℃，则分值应取 6（≥ 30℃，<（30+4）℃）；（4）体力劳动强度分级及高温职业接触限值参考 GBZ 2.2—2007《工作场所有害因素职业接触限值　第 2 部分：物理因素》］	≥限值 +4℃，或≥ 37℃	10
		≥限值 ~ <限值 +4℃	6
		≥限值 −4℃ ~ <限值℃	3
		≥限值 −6℃ ~ <限值 −4℃	2
		<限值 −6℃或≤ 23 ℃	1

表 7-4（续）

<table>
<tr><th>序号</th><th>危害因素（限值）</th><th colspan="3">危害因素接触值</th><th>分值</th></tr>
<tr><td rowspan="5">3</td><td rowspan="5">低温（使用说明：体力劳动强度Ⅰ级，10℃；体力劳动强度Ⅱ级，7℃；体力劳动强度Ⅲ级，5℃。）</td><td colspan="3">< −10℃</td><td>10</td></tr>
<tr><td colspan="3">≥ −10℃ ~ < 0℃</td><td>6</td></tr>
<tr><td colspan="3">≥ 0℃ ~ < 5℃</td><td>3</td></tr>
<tr><td colspan="3">≥ 5℃ ~ < 7℃</td><td>2</td></tr>
<tr><td colspan="3">≥ 7℃ ~ < 10℃</td><td>1</td></tr>
<tr><td rowspan="7">4</td><td rowspan="7">工频电磁场［使用说明：（1）长时和短时是相对的，如对变电站的巡视作业，整个巡视过程为长时，经过某一个点为短时；（2）电场与磁场，长时与短时以等级高者为准］（限值：工频电场 8h 工作职业接触限值 5kV/m；工频磁场短时间接触限值 500μT）</td><td>慢性（长时）</td><td colspan="2">急性（短时）</td><td></td></tr>
<tr><td>电场</td><td>电场</td><td>磁场</td><td></td></tr>
<tr><td>≥ 15 kV/m</td><td>≥ 30kV/m</td><td>≥ 1500μT</td><td>10</td></tr>
<tr><td>≥ 10 kV/m ~ < 15 kV/m</td><td>≥ 20kV/m ~
< 30kV/m</td><td>≥ 1000μT ~
< 1500μT</td><td>6</td></tr>
<tr><td>≥ 5kV/m ~ < 10kV/m</td><td>≥ 10kV/m ~
< 20kV/m</td><td>≥ 800μT ~
< 1000μT</td><td>3</td></tr>
<tr><td>≥ 2kV/m ~ < 5kV/m</td><td>≥ 5kV/m ~
< 10kV/m</td><td>≥ 600μT ~
< 800μT</td><td>2</td></tr>
<tr><td>< 2kV/m</td><td>< 5kV/m</td><td>< 600μT</td><td>1</td></tr>
<tr><td rowspan="6">5</td><td rowspan="6">工作场所 X 射线、紫外辐射［8h 职业接触限值：中波（280nm ≤ λ < 315nm，短波 100nm ≤ λ < 280nm）］</td><td>辐照度（μW/cm^{2}）</td><td colspan="2">照射量（MJ/cm^{2}）</td><td></td></tr>
<tr><td>≥中波 0.26，短波 0.13</td><td colspan="2">≥中波 3.7，短波 1.8</td><td>10</td></tr>
<tr><td>≥中波 0.2，短波 0.1，
<中波 0.26，短波 0.13</td><td colspan="2">≥中波 3.5，短波 1.5，
<中波 3.7，短波 1.8</td><td>6</td></tr>
<tr><td>≥中波 0.15，短波 0.5，
<中波 0.2，短波 0.1</td><td colspan="2">≥中波 3.0，短波 1.0，
<中波 3.5，短波 1.5</td><td>3</td></tr>
<tr><td>≥中波 0.1，短波 0.3，
<中波 0.15，短波 0.5</td><td colspan="2">≥中波 2.5，短波 0.5，
<中波 3.0，短波 1.0</td><td>2</td></tr>
<tr><td>≥中波 0.05，短波 0.1，
<中波 0.1，短波 0.3</td><td colspan="2">≥中波 2，短波 0.2，
<中波 2.5，短波 0.5</td><td>1</td></tr>
</table>

表 7-4（续）

序号	危害因素（限值）	危害因素接触值	分值
6	甲醛（限值：0.10mg/m^3）	> 0.9mg/m^3	10
		> 0.5mg/m^3 ~ ≤ 0.9mg/m^3	6
		> 0.1mg/m^3 ~ ≤ 0.5mg/m^3	3
		> 0.08mg/m^3 ~ ≤ 0.1mg/m^3	2
		≤ 0.08mg/m^3	1
7	苯（限值：0.11mg/m^3）	> 6mg/m^3	10
		> 3.2mg/m^3 ~ ≤ 6mg/m^3	6
		> 0.96mg/m^3 ~ ≤ 3.2mg/m^3	3
		> 0.11mg/m^3 ~ ≤ 0.96mg/m^3	2
		≤ 0.11mg/m^3	1
8	六氟化硫（限值：6000mg/m^3）	> 8000mg/m^3	10
		> 6000mg/m^3 ~ ≤ 8000mg/m^3	6
		> 4000mg/m^3 ~ ≤ 6000mg/m^3	3
		> 2000mg/m^3 ~ ≤ 4000mg/m^3	2
		≤ 2000mg/m^3	1
9	氟化氢（限值：2mg/m^3 MAC）	> 2mg/m^3	10
		> 1mg/m^3 ~ ≤ 2mg/m^3	6
		> 0.5mg/m^3 ~ ≤ 1mg/m^3	3
		> 0.1mg/m^3 ~ ≤ 0.5mg/m^3	2
		≤ 0.1mg/m^3	1

表 7-4（续）

序号	危害因素（限值）	危害因素接触值	分值
10	氟化物（CFC、HCFC、HFC，不含 HF）（限值：2mg/m^3 PC-TWA）	> 3mg/m^3	10
		> 2mg/m^3 ~ ≤ 3mg/m^3	6
		> 1mg/m^3 ~ ≤ 2mg/m^3	3
		> 0.5mg/m^3 ~ ≤ 1mg/m^3	2
		> 0.1mg/m^3 ~ ≤ 0.5mg/m^3	1
11	光气（限值：0.5mg/m^3 MAC）	> 0.5mg/m^3	10
		> 0.3mg/m^3 ~ ≤ 0.5mg/m^3	6
		> 0.1mg/m^3 ~ ≤ 0.3mg/m^3	3
		> 0.05mg/m^3 ~ ≤ 0.1mg/m^3	2
		> 0.01mg/m^3 ~ ≤ 0.05mg/m^3	1
12	氯化钴（限值：0.05mg/m^3 PC-TWA）	> 0.1mg/m^3	10
		> 0.05mg/m^3 ~ ≤ 0.1mg/m^3	6
		> 0.04mg/m^3 ~ ≤ 0.05mg/m^3	3
		> 0.01mg/m^3 ~ ≤ 0.04mg/m^3	2
		> 0.005mg/m^3 ~ ≤ 0.01mg/m^3	1
13	甲苯（限值：0.20mg/m^3）	> 5mg/m^3	10
		> 3mg/m^3 ~ ≤ 5mg/m^3	6
		> 1mg/m^3 ~ ≤ 3mg/m^3	3
		> 0.2mg/m^3 ~ ≤ 1mg/m^3	2
		≤ 0.2mg/m^3	1

表 7-4（续）

序号	危害因素（限值）	危害因素接触值	分值
14	二甲苯（限值：0.20mg/m^3）	> 5mg/m^3	10
		> 3mg/m^3 ~ ≤ 5mg/m^3	6
		> 1mg/m^3 ~ ≤ 3mg/m^3	3
		> 0.2mg/m^3 ~ ≤ 1mg/m^3	2
		≤ 0.2mg/m^3	1
15	氨（限值：0.20mg/m^3）	> 5mg/m^3	10
		> 3mg/m^3 ~ ≤ 5mg/m^3	6
		> 1mg/m^3 ~ ≤ 3mg/m^3	3
		> 0.2mg/m^3 ~ ≤ 1mg/m^3	2
		≤ 0.2mg/m^3	1
16	TVOC（限值：0.60mg/m^3）	> 15mg/m^3	10
		> 9mg/m^3 ~ ≤ 15mg/m^3	6
		> 3mg/m^3 ~ ≤ 9mg/m^3	3
		> 0.6mg/m^3 ~ ≤ 3mg/m^3	2
		≤ 0.6mg/m^3	1
17	一氧化碳（注：适用于有限空间、坑道中）（限值：10mg/m^3）	> 30mg/m^3	10
		> 25mg/m^3 ~ ≤ 30mg/m^3	6
		> 15mg/m^3 ~ ≤ 25mg/m^3	3
		> 10mg/m^3 ~ ≤ 15mg/m^3	2
		≤ 10mg/m^3	1

表 7-4（续）

序号	危害因素（限值）	危害因素接触值	分值
18	二氧化碳（注：适用于有限空间、坑道中）(限值：9000mg/m³）	＞ 18000mg/m³	10
		＞ 9000mg/m³ ~ ≤ 18000mg/m³	6
		＞ 4500/m³ ~ ≤ 9000mg/m³	3
		＞ 2000mg/m³ ~ ≤ 4500mg/m³	2
		≤ 2000mg/m³	1
19	汽油（限值：300mg/m³）	＞ 450mg/m³	10
		＞ 300mg/m³ ~ ≤ 450mg/m³	6
		＞ 150mg/m³ ~ ≤ 300mg/m³	3
		＞ 50mg/m³ ~ ≤ 150mg/m³	2
		≤ 50mg/m³	1
20	振动（限值：5m/s²，4h 频率计权振动加速度）	＞ 8m/s²	10
		＞ 6m/s² ~ ≤ 8m/s²	6
		＞ 5m/s² ~ ≤ 6m/s²	3
		＞ 3m/s² ~ ≤ 5m/s²	2
		≤ 3m/s²	1
21	照度（注：依据照度检测的地点，标准值参考表 7-5）	≤ 20% × 标准值	10
		＞ 20% × 标准值 ~ ≤ 40% × 标准值	6
		＞ 40% × 标准值 ~ ≤ 60% × 标准值	3
		＞ 60% × 标准值 ~ ≤ 80% × 标准值	2
		＞ 80% × 标准值	1

表 7-5　照明国家标准

序号	参数类别	危害因素		单位	标准值	工况	备注
1	照明	办公照明	普通办公室	lx	300	0.75m 水平面	
2			高档办公室	lx	500	0.75m 水平面	
3			会议室	lx	300	0.75m 水平面	
4			视频会议室	lx	500	0.75m 水平面	
5			接待室、前台	lx	200	0.75m 水平面	
6			文件整理 / 复印 / 发行室	lx	300	0.75m 水平面	
7			资料、档案室	lx	200	0.75m 水平面	
8		试验室照明	一般	lx	300	0.75m 水平面	可另加局部照明
9			精细	lx	500	0.75m 水平面	
10		检验照明	一般	lx	300	0.75m 水平面	
11			精细，有颜色要求	lx	750	0.75m 水平面	
12		计量室、测量室		lx	500	0.75m 水平面	
13		变配电站照明	配电装置室	lx	200	0.75m 水平面	
14			变压器室	lx	100	地面	
15		电源设备室、发电机室		lx	200	地面	
16		控制室	一般控制室	lx	300	0.75m 水平面	
17			主控制室	lx	500	0.75m 水平面	
18		计算机站		lx	500	0.75m 水平面	
19		动力站	风机房、空调机房	lx	100	地面	
20			泵房	lx	100	地面	
21			冷冻站	lx	150	地面	
22			压缩空气站	lx	150	地面	

表 7-5（续）

序号	参数类别	危害因素		单位	标准值	工况	备注
23	照明	仓库	大件库（如钢坯、钢材、大成品、气瓶）	lx	50	1.0m 水平面	
24			一般件库	lx	100	1.0m 水平面	
25			精细件库（如工具、小零件）	lx	200	1.0m 水平面	
26		焊接	一般	lx	200	0.75m 水平面	
27			精密	lx	300	0.75m 水平面	
28		机电修理	一般	lx	200	0.75m 水平面	
29			精细	lx	300	0.75m 水平面	
30		走廊、流动区域		lx	50	地面	
31		楼梯、平台		lx	30	地面	
32		厕所、盥洗室、浴室		lx	75	地面	
注：安全照明的照度标准值不低于该场所一般照明照度标准值的 10%，且不应低于 15lx。							

表 7-6 暴露频率（*P*）取值

序号	职业暴露频率	分值
1	连续暴露（在检测值超过限值的区域，8h 及以上不离开工作岗位）	10
2	每天工作时间内暴露（在检测值超过限值的区域，8h 内暴露 1 至几次）	6
3	每周一次或偶然暴露（在检测值超过限值的区域，每周暴露 1 至几次）	3
4	每月一次（在检测值超过限值的区域，每月暴露超过 1 次；或者在检测值未超过限值的区域，每月均有暴露）	1
5	每年几次暴露（在检测值超过限值的区域，每年暴露超过 1 次；或者在检测值未超过限值的区域，每年暴露 1 至几次）	0.5
6	更少的暴露（在检测值超过限值的区域，若干年暴露 1 次；或者在检测值未超过限值的区域，若干年暴露 1 至几次）	0.1

表 7-7　风险值及等级划分

序号	风险值（R）	风险等级和应对策略
1	≥ 400	特高风险，考虑放弃、停止
2	≥ 200 ~ < 400	高风险，需要立即采取纠正措施
3	≥ 70 ~ < 200	中风险，需要整改
4	≥ 20 ~ < 70	低风险，需要进行关注
5	< 20	可接受风险，容忍

表 7-8　控制措施纠正程度表

序号	纠正程度	等级
1	肯定消除危害，风险降低 100%	1
2	风险至少降低 75%，但不是完全	2
3	风险降低 50% ~ 75%	3
4	风险降低 25% ~ 50%	4
5	风险降低少于 25%	5

表 7-9　控制措施成本因素表

序号	成本因素	等级
1	≥ 500 万元	10
2	≥ 100 万元 ~ < 500 万元	6
3	≥ 50 万元 ~ < 100 万元	4
4	≥ 10 万元 ~ < 50 万元	3
5	≥ 5 万元 ~ < 10 万元	5
6	≥ 1 万元 ~ < 5 万元	1
7	< 1 万元	0.5

表 7-10　职业健康定性风险评估检查表

拟评估的危害因素名称：

赋分原则：（1）选择“是”或“否”，取“检查结果”中对应的分数；
（2）如序号 2 对应的选项，选择“是”，取 X=5 分，选择“否”，取 Y=0 分；
（3）同一序号的检查内容只能取 X 或者 Y 的分值，不能对 X 和 Y 同时赋分。

序号	考虑因素	检查内容	检查结果（总分 100）		备注
			是（X）	否（Y）	
1	危害因素对个人的健康影响	你所在的企业以往是否由于此种危害因素的存在导致了职业性疾病、健康伤害或事故 / 事件？	7	0	
2		在以往的工作过程中是否由于此种危害的存在导致自己或所在企业同事的工作失误？	5	0	
3		能明显感受到此种危害对自己身体、工作的影响，如身体不适、紧张、注意力下降、乏力等？	9	0	
4		此种危害在工作场所普遍存在吗？	4	0	
5		你或你的同事经常暴露在此种危害中吗？	4	0	
6		此种危害的职业禁忌在你和你所在企业同事的年度体检项目中有体现吗？	0	5	
7		近几年的体检报告中有对此种职业禁忌描述加重的情形吗？	7	0	
8	培训	你所在企业的大多数人都接受过职业健康相关的培训吗？	0	5	
9		你和你所在企业的同事了解此危害的性质或导致的伤害吗？	0	6	
10	个人防护	职业暴露的情形下，是否有相应的作业指导书指导规范操作？	0	3	
11		是否有足够的个人防护用品？	0	4	
12		在工作过程中，你和你的同事会佩戴个人防护用品吗？	0	5	
13	应急处置	是否建立了现场应急处置程序？	0	4	
14		是否熟悉应急处置程序的内容？	0	4	
15		组织过应急演练吗？	0	4	
16		你和你所在企业的同事熟知相关的急救措施吗？	0	4	
17		现场有急救药品吗？	0	4	
18		急救药品充足可用吗（依据风险配置）？	0	3	
19	管理效力	你所在的企业或上级企业针对此类危害因素有一些管理上的其他控制措施吗？	0	5	
20		这些措施在工作中都得到落实了吗？	0	4	
21		员工提出的好的控制措施建议能够得到采纳吗？	0	4	
得分　X+Y=			X=	Y=	

表 7-11　职业健康定性风险评估分值判断标准

总分值	X 分值	Y 分值
$X + Y > 60$	$X > 20$	$Y > 30$
分值满足任意一项的条件，即为不可接受风险，都应该对该危害因素采取控制措施并评估措施的效果。		

表 7-12　职业健康危害因素清单

<table>
<tr><th>危害类别</th><th>危害因素</th><th>对环境 / 职业健康的危害</th><th>国家有关规定</th><th>国际趋势</th><th>评定方法</th></tr>
<tr><td>物理危害</td><td>噪声</td><td>电力设备、拉线牵引车、牵引绞磨机和混凝土开挖风炮机操控等作业现场存在噪声。噪声长期作用于中枢神经，会形成噪声病，头昏、失眠、易疲劳、记忆力减退、注意力不集中、反应迟钝、伴有耳鸣。长期暴露于严重噪声环境，可产生听觉疲劳、听力敏锐性下降，听觉器官发生病变，听力损失，将成为永久性耳聋</td><td>工作场所噪声等效声级接触限值：
<table>
<tr><th>日接触时间 /h</th><th>接触限值 /［dB（A）］</th></tr>
<tr><td>8</td><td>85</td></tr>
<tr><td>4</td><td>88</td></tr>
<tr><td>2</td><td>91</td></tr>
<tr><td>1</td><td>94</td></tr>
<tr><td>0.5</td><td>97</td></tr>
</table>
非噪声工作地点噪声声级要求：
<table>
<tr><th>地点名称</th><th>卫生限值</th><th>工效限值</th></tr>
<tr><td>噪声车间观察（值班）室</td><td>≤ 75dB（A）</td><td>≤ 55dB（A）</td></tr>
<tr><td>非噪声车间办公室、会议室</td><td>≤ 60dB（A）</td><td>≤ 55dB（A）</td></tr>
<tr><td>主控室、精密加工室</td><td>≤ 70dB（A）</td><td>≤ 55dB（A）</td></tr>
</table>
参考标准：GBZ/T 189.8—2007《工作场所物理因素测量 第 8 部分：噪声》、GBZ 1—2010《工业企业设计卫生标准》。
厂界环境噪声排放标准：
<table>
<tr><th>类别</th><th>昼间</th><th>夜间</th></tr>
<tr><td>0 类</td><td>50dB（A）</td><td>40dB（A）</td></tr>
<tr><td>1 类</td><td>55dB（A）</td><td>45dB（A）</td></tr>
<tr><td>2 类</td><td>60dB（A）</td><td>50dB（A）</td></tr>
<tr><td>3 类</td><td>65dB（A）</td><td>55dB（A）</td></tr>
<tr><td>4 类</td><td>70dB（A）</td><td>55dB（A）</td></tr>
</table>
适用区域：0 类声环境功能区：康复疗养区等特别需要安静的区域；1 类声环境功能区：以居民住宅、医疗卫生、文化教育、科研设计、行政办公为主要功能，需要保持安静的区域；2 类声环境功能区：以商业金融、集市贸易为主要功能，或者居住、商业、工业混杂，需要维护住宅安静的区域；3 类声环境功能区：以工业生产、仓储物流为主要功能，需要防止工业噪声对周围环境产生严重影响的区域；4 类声环境功能区：交通干线两侧一定距离之内，需要防止交通噪声对周围环境产生严重影响的区域。
参考标准：GB 12348—2008《工业企业厂界环境噪声排放标准》</td><td></td><td>检测</td></tr>
</table>

表 7-12（续）

<table>
<tr><th>危害类别</th><th>危害因素</th><th>对环境 / 职业健康的危害</th><th>国家有关规定</th><th>国际趋势</th><th>评定方法</th></tr>
<tr><td>物理危害</td><td>振动</td><td>长期从事手传振动作业，可致手麻、手胀、手痛、手胀多汗、手臂无力和关节疼痛等，甚至导致手臂振动病（职业病）。有下列表现之一者可能患有振动病：一是手部冷水复温试验，复温时间延长或复温率低，二是指端振动感觉和手指痛觉减退</td><td>
全身振动强度卫生限值
<table>
<tr><th>工作日接触时间（t）/h</th><th>卫生限值 / （m/s^2）</th></tr>
<tr><td>$4 < t \leq 8$</td><td>0.62</td></tr>
<tr><td>$2.5 < t \leq 4$</td><td>1.10</td></tr>
<tr><td>$1.0 < t \leq 2.5$</td><td>1.40</td></tr>
<tr><td>$0.5 < t \leq 1.0$</td><td>2.40</td></tr>
<tr><td>$t \leq 0.5$</td><td>3.60</td></tr>
</table>
辅助用室（如办公室、会议室、计算机房、电话室、精密仪器室等）垂直或水平振动强度卫生限值
<table>
<tr><th>接触时间（t）/h</th><th>卫生限值 / （m/s^2）</th><th>工效限值 / （m/s^2）</th></tr>
<tr><td>$4 < t \leq 8$</td><td>0.31</td><td>0.098</td></tr>
<tr><td>$2.5 < t \leq 4$</td><td>0.53</td><td>0.17</td></tr>
<tr><td>$1.0 < t \leq 2.5$</td><td>0.71</td><td>0.23</td></tr>
<tr><td>$0.5 < t \leq 1.0$</td><td>1.12</td><td>0.37</td></tr>
<tr><td>$t \leq 0.5$</td><td>1.8</td><td>0.57</td></tr>
</table>
参考标准：GBZ 1—2010《工业企业设计卫生标准》
城市各类区域铅垂向 Z 振级标准值
<table>
<tr><th>适用地带范围</th><th>昼间</th><th>夜间</th></tr>
<tr><td>特殊住宅区</td><td>65dB</td><td>65dB</td></tr>
<tr><td>居民、文教区</td><td>70dB</td><td>67dB</td></tr>
<tr><td>混合区、商业中心区</td><td>75dB</td><td>72dB</td></tr>
<tr><td>工业集中区</td><td>75dB</td><td>72dB</td></tr>
<tr><td>交通干线道路两侧</td><td>75dB</td><td>72dB</td></tr>
<tr><td>铁路干线两侧</td><td>80dB</td><td>80dB</td></tr>
</table>
参考标准：GB 10070—1988《城市区域环境振动标准》
</td><td></td><td>检测</td></tr>
</table>

表 7-12（续）

<table>
<tr><th>危害类别</th><th>危害因素</th><th>对环境 / 职业健康的危害</th><th>国家有关规定</th><th>国际趋势</th><th>评定方法</th></tr>
<tr><td rowspan="2">物理危害</td><td>高温</td><td>高温作业，对循环系统、消化系统、泌尿系统、神经系统等均会产生影响。高温作业，皮肤血管扩张，大量出汗使血液浓缩、心跳加快、血压升高；胃液分泌减少、食欲不振、消化不良；汗腺排汗多，尿液浓缩、增加肾脏负担；高温下，肌肉工作能力、大脑反应能力下降。过量热积聚体内会产生中暑（职业病）。高温对设备有影响，可能导致电力中断或影响电网稳定</td><td>高温作业允许持续接触热时间限值：
<table>
<tr><th>工作点温度 /℃</th><th>轻劳动 /min</th><th>中等劳动 /min</th><th>重劳动 /min</th></tr>
<tr><td>30 ~ 32</td><td>80</td><td>70</td><td>60</td></tr>
<tr><td>>32 ~ 34</td><td>70</td><td>60</td><td>50</td></tr>
<tr><td>>34 ~ 36</td><td>60</td><td>50</td><td>40</td></tr>
<tr><td>>36 ~ 38</td><td>50</td><td>40</td><td>30</td></tr>
<tr><td>>38 ~ 40</td><td>40</td><td>30</td><td>20</td></tr>
<tr><td>>40 ~ 42</td><td>30</td><td>20</td><td>15</td></tr>
<tr><td>>42 ~ 44</td><td>20</td><td>10</td><td>10</td></tr>
</table>参考标准：GB/T 4200—2008《高温作业分级》</td><td></td><td>检测</td></tr>
<tr><td>低温</td><td>冷暴露，即使未致体温过低，对脑功能也有一定影响，使注意力不集中、反应时间延长、作业失误率增多，甚至产生幻觉，对心血管系统、呼吸系统也有一定影响。低温环境会引起冻伤、体温降低，甚至造成死亡</td><td>冬季工作地点的采暖温度（干球温度）
<table>
<tr><th>体力劳动强度级别</th><th>采暖温度 /℃</th></tr>
<tr><td>Ⅰ</td><td>≥ 18</td></tr>
<tr><td>Ⅱ</td><td>≥ 16</td></tr>
<tr><td>Ⅲ</td><td>≥ 14</td></tr>
<tr><td>Ⅳ</td><td>≥ 12</td></tr>
</table>参考标准：GBZ 1—2010《工业企业设计卫生标准》</td><td></td><td>检测</td></tr>
</table>

表 7-12（续）

<table>
<tr><th>危害类别</th><th>危害因素</th><th>对环境 / 职业健康的危害</th><th>国家有关规定</th><th>国际趋势</th><th>评定方法</th></tr>
<tr><td rowspan="3">物理危害</td><td rowspan="2">照明及能见度</td><td>照明度高或低，均会对视力造成不良影响，视觉疲劳、视力下降</td><td>参考标准：GB 50034—2013《建筑照明设计标准》</td><td></td><td>检测</td></tr>
<tr><td>降雨、雾、霾、沙尘暴等天气条件下，大气透明度较低，能见度较差，对司机开车安全会产生影响</td><td>能见度分为 3 级：
不好：能见度为 2km 以下；
普通：能见度为 2 ~ 8km；
好：能见度 8km 以上</td><td>国际上对烟雾的能见度定义为不足 1km，薄雾的能见度为 1 ~ 2km，霾的能见度为 2 ~ 5km</td><td>评估</td></tr>
<tr><td>辐射</td><td>极低频电磁场可能不诱发癌症，但可能促进癌症生长，但无法证实造成什么健康危害。高强度电磁辐射可造成白内障，高强度微波辐射可导致头昏、头痛、失眠、乏力、烦躁、记忆力减退，对心血管造成伤害，消化系统产生溃疡，骨组织充血，并影响生育</td><td>高频电磁场
<table>
<tr><td colspan="3">工作场所高频电磁场职业接触限值</td></tr>
<tr><td>频率 /MHz</td><td>电场强度 /（V/m）</td><td>磁场强度 /（A/m）</td></tr>
<tr><td>$0.1 \leq f \leq 3.0$</td><td>50</td><td>5</td></tr>
<tr><td>$3.0 < f \leq 30$</td><td>25</td><td>—</td></tr>
<tr><td colspan="3">工频电场（50Hz）：5kV/m
电焊弧光（辐照度）：0.25 μ W/cm^2
电焊弧光（照射量）：3.5mJ/cm^2</td></tr>
</table>参考标准：GBZ 2.2—2007《工作场所有害因素职业接触限值 第 2 部分：物理因素》。
工频电场：4kV/m
工频磁场：0.1mT
无线电干扰：110kV 限值为 46dB（μ V/m）
220 ~ 330kV 限值为 53dB（μ V/m）
500kV 限值为 55dB（μ V/m）
参考标准：HJ 24—2014《环境影响评价技术导则 输变电工程》
GB 15707—2017《高压交流架空输电线无线电干扰限值》</td><td></td><td>检测</td></tr>
</table>

表 7-12（续）

危害类别	危害因素	对环境 / 职业健康的危害	国家有关规定	国际趋势	评定方法
物理危害	高原反应	表现出头痛、头昏、心慌、气促、恶心、呕吐、乏力、失眠、眼花、嗜睡、手足麻木、唇指发绀、心律增快等，其他症状和体征则视类型不同而异	急性高原病： （1）高原脑水肿：急速进抵海拔 4000m（少数人可在海拔 3000m 以上）高原，具有以下表现之一者： 1）剧烈头痛、呕吐、表情淡漠、精神忧郁或欣快多语、烦躁不安、步态蹒跚、共济失调。 2）不同程度意识障碍（神志恍惚、意识朦胧、嗜睡，甚至昏迷），可出现脑膜刺激征及锥体束征阳性。 3）眼底：可出现视乳头水肿和（或）火焰状出血。 （2）高原肺水肿：近期抵达海拔 3000m 以上高原。 1）出现静息状态时呼吸困难、咳嗽，咯白色或粉红色泡沫状痰； 2）中央性紫绀，肺部湿性罗音； 3）肺部 X 射线检查：可见以肺门为中心向单侧或双侧肺野呈点片状或云絮状浸润阴影。常呈弥漫性、不规则性分布，亦可融合成大片状阴影。心影多正常，亦可见肺动脉高压及右心增大征象。 慢性高原病： （1）高原红细胞增多症 1）在海拔 3000m 以上高原发病，病程呈慢性经过。 2）临床表现：主要是头痛、头晕、乏力、睡眠障碍、紫绀、眼结合膜充血、皮肤紫红等多血症病状。 3）血液学参数：RBC ≥ 6.5×10^{12}/L，Hb ≥ 200g/L，Hct ≥ 65%。一般在 1～3 个月内检查 3 次以上方可作出诊断。 （2）高原心脏病 1）一般在海拔 3000m 以上高原发病。 2）临床表现主要为乏力、心悸、胸闷、呼吸困难、咳嗽、发绀、肺动脉瓣第二心音亢进或分裂，重症者出现尿少、肝脏肿大、下肢水肿等右心衰竭症。 3）具有肺动脉高压征象。 参考标准：GBZ 92—2008《职业性高原病诊断标准》		评估

表 7-12（续）

<table>
<tr><th>危害类别</th><th>危害因素</th><th>对环境 / 职业健康的危害</th><th>国家有关规定</th><th>国际趋势</th><th>评定方法</th></tr>
<tr><td rowspan="2">化学危害</td><td>粉尘</td><td>粉尘不会直接伤人，但对呼吸道和眼睛等器官会造成很大危害。粒径大于10μm的粉尘在空气中停留时间较短，在呼吸作用中可被有效地阻留在呼吸道上，不进入肺泡，但由于木粉尘中含有木焦油，这种物质由各种酚类和烃类组成，并含有致癌性较强的物质，长此以往，工人会部分患有支气管炎、哮喘和肺气肿等，甚至致癌。粒径小于10μm的粉尘，会直接进入人的肺部组织，沉淀于肺泡中，有可能引起肺组织的慢性纤维化，甚至导致肺心病、心血管病等一系列病变。而且这些可吸入物质还会将多种污染物或病菌带入肺部，对人体危害很大。粉尘如果弹入或飞入人的眼睛，会造成伤害，影响正常操作</td><td><table>
<tr><th rowspan="2">矽尘</th><th colspan="2">PC-TWA/（mg/m^3）</th></tr>
<tr><th>总尘</th><th>呼尘</th></tr>
<tr><td>10% ≤游离 SiO_2 含量≤ 50%</td><td>1</td><td>0.7</td></tr>
<tr><td>50% <游离 SiO_2 含量≤ 80%</td><td>0.7</td><td>0.3</td></tr>
<tr><td>游离 SiO_2 含量> 80%</td><td>0.5</td><td>0.2</td></tr>
</table>参考标准：GBZ 2.1—2019《工作场所有害因素职业接触限值　第 1 部分：化学有害因素》</td><td></td><td>检测</td></tr>
<tr><td>乙炔</td><td>具有弱麻醉作用，高浓度吸入可引起单纯窒息。急性中毒：暴露于20%浓度时，出现明显缺氧症状；吸入高浓度，初期兴奋、多语、哭笑不安，后出现眩晕、头痛、恶心、呕吐、嗜睡；严重者昏迷、瞳孔对光反应消失、脉弱而不齐。当混有磷化氢、硫化氢时，毒性增大，应予以注意</td><td>空气中的浓度不得超过 10%，爆炸极限 2.1% ~ 80%
参考文件：化学品安全数据说明书（MSDS）</td><td></td><td>检测</td></tr>
</table>

表 7-12（续）

危害类别	危害因素	对环境 / 职业健康的危害	国家有关规定	国际趋势	评定方法
化学危害	煤气	与血红蛋白结合而造成组织缺氧。急性中毒：轻度中毒者出现头痛、头晕、耳鸣、心悸、恶心、呕吐、无力，血液碳氧血红蛋白浓度高于 10%；中度中毒者除上述症状外，还有皮肤黏膜呈樱红色、脉快、烦躁、步态不稳、意识模糊，甚至昏迷，血液碳氧血红蛋白浓度高于 30%；重度患者深度昏迷、瞳孔缩小、肌张力增强、频繁抽搐、大小便失禁、休克、肺水肿、严重心肌损害等，血液碳氧血红蛋白高于 50%。部分患者昏迷苏醒后，约经 2 ~ 60d 的症状缓解期后，又可能出现迟发性脑病，以意识精神障碍、锥体系或锥体外系损害为主。慢性影响：能否造成慢性中毒及对心血管影响尚无定论	MAC（mg/m^3）：30 参考文件：MSDS		检测
	天然气	有麻醉作用。急性中毒：有头晕、头痛、兴奋或嗜睡、恶心、呕吐、脉缓等；重症者可突然倒下，尿失禁，意识丧失，甚至呼吸停止。可致皮肤冻伤。慢性影响：长期接触低浓度者，可出现头痛、头晕、睡眠不佳、易疲劳、情绪不稳以及植物神经功能紊乱等	1000mg/m^3（时间加权平均容许浓度） 爆炸极限：5% ~ 15% 参考标准及文件：GBZ 2.1—2007《工作场所有害因素职业接触限值　第 1 部分：化学有害因素》 MSDS		检测

表 7-12（续）

危害类别	危害因素	对环境 / 职业健康的危害	国家有关规定	国际趋势	评定方法
化学危害	氧气	常压下，当氧的浓度超过40%时，有可能发生氧中毒。吸入40%～60%的氧时，出现胸骨后不适感、轻咳，进而胸闷、胸骨后烧灼感和呼吸困难，咳嗽加剧；严重时可发生肺水肿，甚至出现呼吸窘迫综合征。吸入氧浓度在80%以上时，出现面部肌肉抽动、面色苍白、眩晕、心动过速、虚脱，继而全身强直性抽搐、昏迷、呼吸衰竭而死亡。长期处于氧分压为60～100kPa（相当于吸入氧浓度40%左右）的条件下可发生眼损害，严重者可失明	在受限空间作业时，氧气的浓度不得低于18%，甲烷的浓度不得高于1%；使用氧气作业时，氧气浓度不得超过40%。 参考文件：MSDS		检测
	氮气	空气中氮气含量过高，使吸入气氧分压下降，引起缺氧窒息。吸入氮气浓度不太高时，患者最初感觉胸闷、气短、疲软无力，继而烦躁不安、极度兴奋、乱跑、叫喊、神情恍惚、步态不稳，称之为“氮酩酊”，可进入昏睡或昏迷状态。吸入高浓度时，患者可迅速昏迷，甚至因呼吸和心跳停止而死亡。潜水员深潜时，可出现氮的麻醉现象；若从高压环境下过快转入常压环境，体内会形成氮气气泡，压迫神经，造成血管阻塞，发生“减压病”	空气中氮气含量不得超过82% 参考文件：MSDS		检测

表 7-12（续）

危害类别	危害因素	对环境 / 职业健康的危害	国家有关规定	国际趋势	评定方法
化学危害	六氟化硫（SF_6）气体及其分解物	纯净的 SF_6 气体是一种无色、无臭、基本无毒、不可燃的卤素化合物。在大功率电弧、火花放电和电晕放电作用下，SF_6 气体能分解和游离出多种产物，主要是 SF_4 和 SF_2，导致许多有毒的、具有腐蚀性的气体和固体分解物被排放到大气中，不但对环境造成难以挽救的污染和破坏，同时还危及电器设备的正常运行和人们的身体健康。纯品基本无毒，但产品中如混杂低氟化硫、氟化氢，特别是十氟化硫时，则毒性增强	最高容许浓度：1000μL/L 参考标准：DL 408—1991《电业安全工作规程》（发电厂和变电所电气部分）第八章 第 192 条、DL/T 639—2016《六氟化硫电气设备运行、试验及检修人员安全防护导则》		检测
	甲醛气体	长期接触低剂量甲醛可以引起慢性呼吸道疾病、女性月经紊乱、妊娠综合症，引起新生儿体质降低、染色体异常，甚至引起鼻咽癌。高浓度的甲醛对神经系统、免疫系统、肝脏等都有毒害。它还可刺激眼结膜、呼吸道黏膜而产生流泪、流涕，引起结膜炎、咽喉炎、哮喘、支气管炎和变态反应性疾病。甲醛还有致畸、致癌作用。据流行病学调查，长期接触甲醛的人，可引起鼻腔、口腔、鼻咽、咽喉、皮肤和消化道的癌症	（1）居室空气中甲醛的最高容许浓度为 0.08mg/m^3。 参考标准：GB/T 16127—1995《居室空气中甲醛的卫生标准》。 （2）室内装饰装修材料人造板及其制品中甲醛释放限量值为 0.124mg/m^3，限量标识 E1。 参考标准：GB 18580—2017《室内装饰装修材料　人造板及其制品中甲醛释放限量》。 （3）纤维板、刨花板、胶合板、细木工板、单板饰面板等产品中甲醛释放量不得超过 0.12mg/m^3； 浸渍纸层压木质地板、浸渍胶膜纸饰面板、实木复合地板等产品中甲醛释放量不得超过 0.08mg/m^3； 参考标准：HJ 571—2010《环境标志产品技术要求　人造板及其制品》。 （4）木家具产品甲醛释放量≤ 0.15mg/L 参考标准：GB 18584—2001《室内装饰装修材料　木家具中有害物质限量》		检测

表 7-12（续）

危害类别	危害因素	对环境 / 职业健康的危害	国家有关规定	国际趋势	评定方法
化学危害	无水乙醇（酒精）	本品为中枢神经系统抑制剂。先引起兴奋，随后抑制。急性中毒：急性中毒多发生于口服。一般可分为兴奋、催眠、麻醉、窒息四阶段。患者进入第三或第四阶段，出现意识丧失、瞳孔扩大、呼吸不规律、休克、心力循环衰竭及呼吸停止。慢性影响：在生产中长期接触高浓度本品，可引起鼻、眼、黏膜刺激症状，以及头痛、头晕、疲乏、易激动、震颤、恶心等。长期酗酒可引起多发性神经病、慢性胃炎、脂肪肝、肝硬化、心肌损害及器质性精神病等。与皮肤长期接触，可引起皮肤干燥、脱屑、皲裂和皮炎	爆炸极限为 4.3%～19.0% 参考文件：MSDS	MAC（mg/m^3）1000； TLVTN： OSHA：1000×10^{-6}，$1880mg/m^3$； ACGIH：1000×10^{-6}，$1880mg/m^3$	检测
	油漆	具有可燃性。长期大量使用劣质油漆，会导致大脑细胞受损，诱发中毒性脑病及慢性溶剂中毒综合症	油漆的主要成分为苯、甲苯、二甲苯和乙二醇醚类溶剂。各因素的职业接触限值如下： 苯：$10mg/m^3$ 甲苯：$100mg/m^3$ 二甲苯：$100mg/m^3$ 参考文件：GBZ 2.1—2007《工作场所有害因素职业接触限值　第 1 部分：化学有害因素》		检测

表 7-12（续）

危害类别	危害因素	对环境 / 职业健康的危害	国家有关规定	国际趋势	评定方法
化学危害	汞、铅、镉和铬化物	电脑、照相机、摄像机和手机中的开关、印刷线路板、数据传输线、液晶显示器、废电池等含有汞、铅、镉和铬化物。汞溢出进入土壤或水源，通过农作物进入人体，损伤人的肾脏。无机汞可以转化成甲基汞，聚集在鱼类的身体里，人食用了这种鱼后，甲基汞会进入人的大脑细胞，使人的神经系统受到严重破坏，重者会发疯致死，即水俣病。镉渗出污染土地和水体，最终进入人体使人的肝和肾受损，也会引起骨质松软，重者造成骨骼变形。六价铬能穿过细胞膜被吸收产生毒性，引起支气管哮喘，损坏 DNA	工业废料可分为可回收、不可回收与有害垃圾，应按照可回收、不可回收与有害垃圾进行分类管理，其中，可回收垃圾应回收再利用；不可回收垃圾应交由具有处置服务许可证的厂家进行处理；有害垃圾应由有回收处理资质的厂家处理。 参考文件：《废旧家电及电子产品回收处理管理条例》（国务院令第 551 号）		评估
	氯化钴（$CoCl_2$）	具有毒性、刺激性、致敏性。$CoCl_2$ 粉尘对呼吸道有刺激性，长期吸入引起严重肺疾病；对眼有刺激性，长期接触可能致眼损害；对皮肤有致敏性，可致皮炎。摄入氯化钴会引起恶心、呕吐、腹泻；大量摄入氯化钴会引起急性中毒，导致血液、甲状腺和胰脏损害	参考文件：GBZ 2.1—2007《工作场所有害因素职业接触限值　第 1 部分：化学有害因素》	操作人员佩戴口罩或自吸过滤式防尘口罩，戴化学安全防护眼镜，穿防毒物渗透工作服，戴橡胶手套	检测

表 7-12（续）

危害类别	危害因素	对环境 / 职业健康的危害	国家有关规定	国际趋势	评定方法
化学危害	润滑油	急性吸入，可出现乏力、头晕、头痛、恶心，严重者可引起油脂性肺炎。慢接触者，暴露部位可发生油性痤疮和接触性皮炎；可引起神经衰弱综合征，呼吸道和眼刺激症状及慢性油脂性肺炎。有资料报道，接触石油润滑油类的工人，有致癌的病例报告		空气中浓度超标时，必须佩戴自吸过滤式防毒面具（半面罩）。紧急事态抢救或撤离时，应该佩戴空气呼吸器	评估
	绝缘油、机油	危害人的健康亦危害环境。1L 废机油可以污染 1000000L 清水。将机油倒在土地上，机油可流至下水道，引流至河流和湖泊，使鱼类和其他野生植物所使用的水产生毒性		由有资质的承包商进行处理，加工再利用	评估
	氟利昂（CFC、HCFC、HFC 等 3 类）	氟利昂在常温下都是无色气体或易挥发液体，无味或略有气味，无毒或低毒，化学性质稳定；氟利昂泄漏，若被人体不慎吸入，最直接的危害就是中枢神经系统受损，使注意力不集中，头昏、头痛、运动失调。吸入量过大和时间过长，则抑制呼吸功能，导致昏迷，甚至死亡；氟利昂遇火或赤热表面会分解出剧毒的氯化氢、氟化氢、氯气、光气（碳酰氯），破坏大气臭氧层，导致温室效应	氟利昂（CFC、HCFC、HFC 等 3 类）限值 2mg/m^3 PC-TWA，不得向空气排放，要进行回收、处置。 参考标准及文件：GBZ 2.1—2007《工作场所有害因素职业接触限值　第 1 部分：化学有害因素》	操作人员穿防静电工作服，戴一般作业防护手套；必要时，戴化学安全防护眼镜；特殊情况下，佩戴自吸过滤式防毒面具（半面罩）	检测

表 7-12（续）

危害类别	危害因素	对环境 / 职业健康的危害	国家有关规定	国际趋势	评定方法
化学危害	二氧化碳灭火剂	在低浓度时，对呼吸中枢呈兴奋作用，高浓度时则产生抑制甚至麻痹作用，中毒还兼有缺氧的因素。急性中毒：人进入高浓度二氧化碳环境，在几秒钟内迅速昏迷倒下，反射消失、瞳孔扩大或缩小、大小便失禁、呕吐等，更严重者出现呼吸停止及休克，甚至死亡。固态（干冰）和液态二氧化碳在常压下迅速汽化，能造成 -80℃ ~ 43℃低温，引起皮肤和眼睛严重冻伤。慢性影响：经常接触较高浓度的二氧化碳者，可有头晕、头痛、失眠、易兴奋、无力等神经功能紊乱等	18000mg/m^3（短时间容许浓度） 参考标准及文件：GBZ 2.1—2007《工作场所有害因素职业接触限值　第 1 部分：化学有害因素》、MSDS		检测

表 7-12（续）

危害类别	危害因素	对环境 / 职业健康的危害	国家有关规定	国际趋势	评定方法
化学危害	汽油、柴油	汽油、柴油进入人体后对机体的神经系统有选择性损害。由呼吸道吸入时，可引起剧烈咳嗽、胸痛、恶心、呕吐、痉挛、抽搐、血压下降、昏迷等症状。急性中毒：对中枢神经系统有麻醉作用。轻度中毒症状有头晕、头痛、恶心、呕吐、步态不稳、共济失调。高浓度吸入会出现中毒性脑病；极高浓度吸入则会引起意识突然丧失、反射性呼吸停止，并可伴有中毒性周围神经病及化学性肺炎，部分患者出现中毒性精神病。液体吸入呼吸道可引起吸入性肺炎，溅入眼内可致角膜溃疡、穿孔，甚至失明。皮肤接触致急性接触性皮炎，甚至灼伤；吞咽引起急性胃肠炎，重者出现类似急性吸入中毒症状，并可引起肝、肾损害。慢性中毒：引发神经衰弱综合征、植物神经功能紊乱、周围神经病。严重中毒出现中毒性脑病，症状类似精神分裂症	MAC（mg/m^3）300 汽油爆炸极限为 1.0%~7.6% 柴油爆炸极限为 0.5%~4.1% 参考标准及文件：GBZ 2.1—2007《工作场所有害因素职业接触限值 第1部分：化学有害因素》、MSDS		检测

表 7-12（续）

危害类别	危害因素	对环境 / 职业健康的危害	国家有关规定	国际趋势	评定方法
化学危害	杀虫水	对肌体神经系统存有毒性。长期接触，即使是低剂量，也会引起神经麻痹，感觉神经异常及头晕、头痛等神经症状	使用国家批准的生产厂家的杀虫剂		评估
	实验室化学品	见各化学品的 MSDS	参考文件：MSDS		
	工业废料	废弃电缆电线、电气设备	工业废料可分为可回收、不可回收与有害垃圾，应按照可回收、不可回收与有害垃圾进行分类管理，其中：可回收垃圾应回收再利用；不可回收垃圾应交由具有处置服务许可证的厂家进行处理；有害垃圾应由有回收处理资质的厂家处理。 参考标准：《中华人民共和国固体废物污染环境防治法》《国家危险废物名录》、GB 5085.1～7—2007《危险废物鉴别标准》、GB 18597—2001《危险废物贮存污染控制标准》、《关于禁止生产、销售、进出口以氯氟烃（CFCs）物质为制冷剂、发泡剂的家用电器产品的公告》（环函〔2007〕200 号）	由有资质的承包商进行处理，加工再利用	评估
		空调制冷剂氯氟烃 CFCs 和保温层中的发泡剂氢氯氟烃 HCFCs 会破坏大气臭氧层			评估
		废打印机、复印机硒鼓		由有资质的承包商进行处理	评估

表 7-12（续）

危害类别	危害因素	对环境 / 职业健康的危害	国家有关规定	国际趋势	评定方法
化学危害	工业废料	废电池中的汞溢出进入土壤或水源，通过农作物进入人体，损伤人的肾脏。在微生物的作用下，无机汞可以转化成甲基汞，聚集在鱼体里，人食用了这种鱼后，甲基汞会进入人的大脑细胞，使人的神经系统受到严重破坏，重者会发疯致死，即水俣病。镉渗出污染土地和水体，会最终进入人体使人的肝和肾受损，引起骨质松软，重者造成骨骼变形。汽车废电池中含有酸和重金属铅，泄漏到自然界可引起土壤和水源污染，最终对人造成危害	工业废料可分为可回收、不可回收与有害垃圾，应按照可回收、不可回收与有害垃圾进行分类管理，其中：可回收垃圾应回收再利用；不可回收垃圾应交由具有处置服务许可证的厂家进行处理；有害垃圾应由有回收处理资质的厂家处理。 参考标准：《中华人民共和国固体废物污染环境防治法》《国家危险废物名录》、GB 5085.1～7—2007《危险废物鉴别标准》、GB 18597—2001《危险废物贮存污染控制标准》、《关于禁止生产、销售、进出口以氯氟烃（CFCs）物质为制冷剂、发泡剂的家用电器产品的公告》（环函〔2007〕200 号）		评估
		绝缘油、车辆里的废机油既危害人的健康，亦危害环境。1L 废机油可以污染 1 000 000L 清水。将机油倒在土地上，机油可流至下水道，引流至河流和湖泊，使鱼类和其他野生植物所使用的水产生毒性		由有资质的承包商进行处理，加工再利用	评估

表 7-12（续）

危害类别	危害因素	对环境 / 职业健康的危害	国家有关规定	国际趋势	评定方法
化学危害	工业废料	润滑油：急性吸入，可出现乏力、头晕、头痛、恶心，严重者可引起油脂性肺炎。慢接触者，暴露部位可发生油性痤疮和接触性皮炎。可引起神经衰弱综合征，呼吸道和眼刺激症状及慢性油脂性肺炎。有资料报道，接触石油、润滑油类的工人，有致癌的病例报告	工业废料可分为可回收、不可回收与有害垃圾，应按照可回收、不可回收与有害垃圾进行分类管理，其中：可回收垃圾应回收再利用；不可回收垃圾应交由具有处置服务许可证的厂家进行处理；有害垃圾应由有回收处理资质的厂家处理。 参考标准：《中华人民共和国固体废物污染环境防治法》《国家危险废物名录》、GB 5085.1～7—2007《危险废物鉴别标准》、GB 18597—2001《危险废物贮存污染控制标准》、环函〔2007〕200 号《关于禁止生产、销售、进出口以氯氟烃（CFCs）物质为制冷剂、发泡剂的家用电器产品的公告》	空气中浓度超标时，必须佩戴自吸过滤式防毒面具（半面罩）。紧急事态抢救或撤离时，应该佩戴空气呼吸器	评估
		电脑、照相机、摄像机和手机中的开关、印刷电路板、数据传输线、液晶显示器等含有汞、铅、镉和铬化物。汞主要损坏肾脏和破坏脑部；六价铬能穿过细胞膜被吸收产生毒性，引起支气管哮喘，损坏 DNA		由生产商负责回收处理。 参考资料：德国《循环经济法》	评估
	生活垃圾	垃圾，如医疗垃圾、剩饭菜、废报纸等，其中残留及衍生的大量病菌是有害有毒的物质，处理不当很容易引起各种疾病的传播和蔓延	生活垃圾可分为可回收物、有害垃圾、厨余垃圾、其他垃圾，应按照可回收、不可回收与有毒有害垃圾进行分类管理，其中：可回收垃圾应回收再利用；不可回收垃圾应交由具有处置服务许可证的厂家进行处理；有害垃圾应由有回收处理资质的厂家处理。 参考标准：GB/T 19095—2019《生活垃圾分类标志》《中华人民共和国固体废物污染环境防治法》《城市生活垃圾管理办法》		评估

表 7-12（续）

危害类别	危害因素	对环境 / 职业健康的危害	国家有关规定	国际趋势	评定方法
生物危害	细菌、有毒的植物、昆虫（蜜蜂等）、狗、蛇、霉菌、病毒	蚊、虫、鼠、细菌、霉菌、病毒等可传播近百种疾病，从而对员工产生健康危害。狗、蛇、昆虫等对员工的身体伤害可以是轻伤，也可导致死亡	参考标准：GB/T 27306—2008《食品安全管理体系　餐饮业要求》、GB/T 17093—1997《室内空气中细菌总数卫生标准》	生物性危害因素可分为 3 大类，即微生物、植物和动物。对人员造成的伤害有：感染、过敏、中毒和心理恐慌。生物性的危害分为 4 类。 第 1 类，不会引起疾病； 第 2 类，可能会引起疾病，但不会传播，通常有有效的预防及控制措施； 第 3 类，可能引起严重的疾病，且可能向外传播，可能有有效的预防及控制措施； 第 4 类，引起严重的疾病，且极有可能向外传播，目前无有效的控制与预防方法。 参考资料：英国《控制健康危害物质》	评估

表 7-12（续）

危害类别	危害因素	对环境 / 职业健康的危害	国家有关规定	国际趋势	评定方法
人机工效危害	设计差、不方便使用的工具、狭小的作业空间、重复运动、人工运输或处理、繁琐的设计或技术、过于发力、差的接触面、不符合习惯的信息、不方便搬运物品的通道、不方便操作的设备、光线不合理、空气质量不合格、作业环境有噪声、作业环境有振动	不恰当的人、机、环境匹配，影响人员健康和工作效率，甚至伤害到人的身体	参考以下标准： GB/T 14775—1993《操纵器一般人类工效学要求》； GB/T 14774—1993《工作座椅一般人类工效学要求》； GB/T 13547—1992《工作空间人体尺寸》； GB/T 14776—1993《人类工效学　工作岗位尺寸设计原则及其数值》； GBZ/T 189.10—2007《工作场所物理因素测量　第 10 部分：体力劳动强度分级》； GB/T 13379—2008《视觉工效学原则　室内工作场所照明》； GB/T 1251.3—2008《人类工效学　险情和信息的视听信号体系》； GB/T 1251.2—2006《人类工效学　险情视觉信号　一般要求、设计和检验》； GB 5083—1999《生产设备安全卫生设计总则》		评估

表 7-12（续）

危害类别	危害因素	对环境 / 职业健康的危害	国家有关规定	国际趋势	评定方法
心理危害	监视的压力、失意、胁迫、工作压力、社会福利问题、危险的工作、与同事关系不好、家庭不和睦	对周围事物认知的差异，竞争、失业、家庭、信息爆炸、冲突的增加、失败、欲望、期望值高、攀比等会造成心理压力。压力过度所产生的生理后果主要有：肾损坏、糖尿病及低血糖病、精力衰竭、心脏病、胃病、头晕目眩、心律紊乱、中风等。心理后果主要有：专心和注意力的范围缩小、记忆力衰退、悲观失望、自我评价迅速下降等，兼有攻击、忧郁和焦虑等	制定心理因素调查表		评估
其他					

注 1：“危害类别”主要分为物理危害、化学危害、生物因素、人机工效、心理因素等。
注 2：“危害因素”：分噪声、照明及能见度、温度、振动、空气质量、生物危害、化学危害、人机工效、心理因素等。
注 3：“对环境 / 职业健康的危害”：危害对人体健康可能产生的影响。
注 4：“国家有关规定”和“国际趋势”指国家规定安全控制数值、职业接触限值或国际先进做法。
注 5：“评定方法”：危害的检测手段。

职业健康危害辨识普查见表 7-13。

表 7-13　职业健康危害辨识普查表

单位：		日期：	按工种辨识					按区域辨识					危害描述	目前采取的防护措施	备注
危害类别		危害项目	工种 1	工种 2	工种 3	…	工种 *N*	区域 1	区域 2	区域 3	…	区域 *N*			
职业健康	物理危害	噪声													
		照明及能见度													
		温度													
		振动													
		空气质量													
		辐射													
	化学危害	油漆													
		杀虫水													
		实验室化学品													
		煤气													
		天然气													
		汽油、柴油													
		二氧化碳灭火剂													
		六氟丙烷、七氟丙烷灭火剂													
		无水乙醇（酒精）													
		六氟化硫													
		氮气													
		氧气													
		氨气													
		乙炔													
	生物危害														
	人机工效（可制定人机工效调查表）														
	心理因素（可制定心理因素调查表）														

表 7-13（续）

<table>
<tr><td colspan="2">单位：</td><td>日期：</td><td colspan="5">按工种辨识</td><td colspan="5">按区域辨识</td><td rowspan="2">危害描述</td><td rowspan="2">目前采取的防护措施</td><td rowspan="2">备注</td></tr>
<tr><td colspan="2" rowspan="2">危害类别</td><td rowspan="2">危害项目</td><td>工种 1</td><td>工种 2</td><td>工种 3</td><td>…</td><td>工种 N</td><td>区域 1</td><td>区域 2</td><td>区域 3</td><td>…</td><td>区域 N</td></tr>
<tr><td></td><td></td><td></td><td></td><td></td><td></td><td></td><td></td><td></td><td></td><td></td><td></td><td></td></tr>
<tr><td>其他危害因素</td><td colspan="2"></td><td></td><td></td><td></td><td></td><td></td><td></td><td></td><td></td><td></td><td></td><td></td><td></td><td></td></tr>
<tr><td colspan="16">注 1：“危害类别”：职业健康危害因素类别，分物理危害、化学危害、生物危害、人机工效、心理因素等。
注 2：“危害项目”：噪声、照明及能见度、温度、振动、空气质量、辐射等具体的危害（可参考表 7-12《职业健康危害因素清单》）。
注 3：“危害描述”：危害对人体产生的影响。常见的危害描述及其职业接触限值可参考《职业健康危害因素清单》。
注 4：常见的工种、区域可参考《职业健康风险评估工种参考表》（表 7-14）及《职业健康风险评估区域参考表》（表 7-15）。
注 5：人机工效和心理因素调查可另外制定表格开展普查。</td></tr>
</table>

职业健康风险评估工种参考表见表 7-14。

表 7-14　职业健康风险评估工种参考表

序号	单位	岗位 1	岗位 2	岗位 3	岗位 4	岗位 5	岗位 6	岗位 7	岗位 8	岗位 9	岗位 10	岗位 11	岗位 12	岗位 13
1	××企业本部	到生产现场的管理与专业技术人员	后勤综合班组人员	车辆驾驶人员	……									
2	××物流中心	到生产现场的管理与专业技术人员	仓储配送班组人员	后勤综合班组人员	车辆驾驶人员	……								
3	××培训与评价中心	教师与培训师	后勤综合班组人员	车辆驾驶人员	……									

表 7-14（续）

序号	单位	岗位 1	岗位 2	岗位 3	岗位 4	岗位 5	岗位 6	岗位 7	岗位 8	岗位 9	岗位 10	岗位 11	岗位 12	岗位 13
4	××员工服务中心	管理与专业技术人员	医务人员	后勤综合班组人员	车辆驾驶人员	……								
5	××输电管理所	到生产现场的管理与专业技术人员	输电线路班组人员	输电电缆班组人员	后勤综合班组人员	车辆驾驶人员	……							
6	××变电管理所	到生产现场的管理与专业技术人员	500kV变电站班组人员	集控中心班组人员	巡维中心班组人员	继保自动化班组人员	变电检修班组人员	高压试验班组人员	电测试验班组人员	化学试验班组人员	后勤综合班组人员	车辆驾驶人员	……	
7	××试验研究所	到生产现场的管理与专业技术人员	高压试验班组人员	电测试验班组人员	化学试验班组人员	后勤综合班组人员	车辆驾驶人员	……						
8	××计量中心	到生产现场的管理与专业技术人员	计量电网运维班组人员	计量用户电网运维班组人员	计量自动化班组人员	电能量数据班组人员	计量检定班组人员	计量质检班组人员	后勤综合班组人员	车辆驾驶人员	……			
	……													

职业健康风险评估区域参考见表 7-15。

表 7-15　职业健康风险评估区域参考表

序号	单位	区域1	区域2	区域3	区域4	区域5	区域6	区域7	区域8	区域9	区域10	区域11	区域12	区域13	区域14	区域15	区域16	区域17	区域18	区域19	区域20	区域21	区域22	区域23	区域24	区域25
1	××企业本部	办公区域	高压配电房	低压配电房	层间配电房	材料室	工器具室	空调主机房	层间空调风机房	计算机房	电梯机房	电缆竖井	蓄电池室	负控设备室	车库	水泵房	办公大楼消防设备间	消防、保卫监控室	安全层	环保房	杂物间	蓄水池	养鱼池	绿化区域	卫生间	化粪池
2	××物流中心	办公区域	配电房	室内仓库	室外仓库	废料堆放区	厨房、餐厅	卫生间	化粪池	车库	水泵房	办公大楼消防设备间	杂物间	宿舍	更衣室	传达室	变电站等户外生产、施工场所	线路经过区域（郊野）	线路经过区域（市区、街道）	…						
3	××培训与评价中心	办公区域	高压配电房	低压配电房	杂物间	工器具室	计算机房	通信机房	厨房、餐厅	卫生间	化粪池	教室	实验室	传达室	户外实习场	…										
4	××输电管理所	办公区域	检修间	配电房	仓库、材料室	工器具室	绝缘工器具室	危险品室	空调机房	计算机房	通信机房	厨房、餐厅	卫生间	化粪池	车库	水泵房	办公大楼消防设备间	更衣室	传达室	电缆隧道	电缆坑道	线路经过区域（郊野）	线路经过区域（市区、街道）	…		
5	××变电管理所	办公区域	检修间	配电房	仓库、材料室	工器具室	绝缘工器具室	危险品室	空调机房	计算机房	通信机房	厨房、餐厅	卫生间	化粪池	车库	水泵房	办公大楼蓄水池	办公大楼消防设备间	更衣室	传达室	变电站户外设备场地	变电站主控室	变电站户内二次设备室	变电站户内一次设备室	变电站户内主变室	变电站户内电抗器室
6	…																									

第八章　网络安全风险管控

1. 目的

识别生产活动中相关的网络安全危害因素，重点评估和控制电力监控系统网络安全风险，规范电力监控系统网络安全管理，为电网安全稳定运行提供保障。

2. 名词解释

（1）电力监控系统：用于监视和控制电力生产及供应过程的、基于计算机及网络技术的业务系统及智能设备，以及作为基础支撑的通信及数据网络等。主要包括如下系统：电力数据采集与监控系统、能量管理系统、变电站自动化系统（含五防系统）、换流站计算机监控系统、配电自动化系统、微机继电保护和安全自动装置、广域相量测量系统、水调自动化系统和水电梯级调度自动化系统、计量自动化系统、实时电力市场的辅助控制系统、继电保护管理信息系统、在线稳控决策系统、综合防御系统、电力设备在线监测系统、雷电定位监测系统、变电站视频及环境监控系统、线路覆冰在线监测系统、电能质量监测系统、气象及环境监测系统、电力现货市场技术支持系统、调度生产管理系统、调度大屏幕投影系统、火电厂脱硫脱硝及煤耗在线监测系统、火电厂监控系统、水电厂监控系统、梯级水电厂监控系统、核电站监控系统、光伏电站监控系统、光伏发电功率预测系统、风电场监控系统、风电功率预测系统、燃机电厂监控系统、通信设备网管系统、通信运行管控系统、自动化运行管控系统、电力监控系统网络安全态势感知系统、电力调度数据网络、综合通信数据网络和电力生产专用拨号网络等。

（2）网络安全：通过采取必要措施，防范对网络的攻击、侵入、干扰、破坏和非法使用以及意外事故，使网络处于稳定可靠运行的状态，以及保障网络数据的完整性、保密性、可用性的能力。

3. 主要管理内容

通过健全企业网络安全组织体系，强化电力监控系统运行管理，规范管理网络资源，落实网络安全保护责任，确保网络分区合理、隔离措施完备和可靠，保障电网安全稳定运行。

4. 网络安全风险管控评价标准（表 8-1）

表 8-1　网络安全风险管控评价标准

序号	评价流程	评价标准	标准分值	查评方法
1	网络安全管理策划	（1）企业应当落实国家网络安全等级保护制度的要求，坚持“安全分区、网络专用、横向隔离、纵向认证”的原则，保障电力监控系统的安全。 （2）企业应健全企业网络安全组织体系。落实网络安全保护责任，设立专门网络安全管理及监督机构，设置相应岗位，配备网络安全专业人员；开展网络安全负责人、关键岗位人员安全背景审查；建立网络安全关键岗位专业技术人员持证上岗制度；明确第三方单位和人员的网络安全责任，并实施审核和备案管理；对相关人员开展网络安全培训。 （3）企业应制定内部安全管理制度和防范计算机病毒、网络攻击、网络侵入等危害网络安全行为的技术措施	5	（1）企业未落实国家网络安全等级保护制度要求的，每项扣 2 分。 （2）企业网络安全组织体系不健全，每项扣 1 分。 （3）企业未制定内部安全管理制度和防范计算机病毒和网络攻击、网络侵入等危害网络安全行为的技术措施，每项扣 2 分
2	网络安全风险评估	（1）企业应建立网络安全风险评估技术标准，开展网络安全风险评估。 （2）企业应及时开展电力监控系统网络安全检测评估，其中关键信息基础设施每年至少开展一次评估，规范评估流程，控制评估风险，整改安全隐患，完善安全措施。 （3）企业应基于风险评估结果，规范电力监控系统网络安全管理，实施设备和系统的升级改造和网络安全防护	5	（1）企业未建立网络安全风险评估技术标准，未开展网络安全风险评估，扣 2 分。 （2）企业未及时开展电力监控系统网络安全检测评估，发现问题或隐患未落实整改，每项扣 2 分。 （3）网络安全风险评估结果未得到有效应用，每项扣 1 分

表 8-1（续）

序号	评价流程	评价标准	标准分值	查评方法
3	系统规划、建设及改造管理	（1）企业网络安全技术措施应随系统同步规划、同步设计、同步建设、同步验收、同步运行。 （2）企业应保障系统网络安全规划、设计、建设、运行维护、评估测评和整改等全过程的资金。 （3）网络安全设备选型应符合国家自主可控战略，根据相关规定选择经过具备资格的机构认证合格或者检测符合要求的安全可靠的软硬件产品（用于厂站的设备还需要有电力系统电磁兼容检测证明），对于需持有销售许可证明文件的安全防护设备，应检验相关销售许可证明文件。禁止选用经国家相关部门检测认定并经国家能源局通报存在漏洞和风险的系统及设备。 （4）系统中的密码配备、使用和管理应严格执行国家密码管理的有关规定及要求。应采用经国家密码管理局批准使用或者准予销售的密码产品进行安全保护。 （5）网络安全工程由第三方实施时，应与第三方签署保密协议。 （6）企业应做好电力监控系统网络安全方案、电力监控系统专用安全产品（如正反向隔离装置、纵向加密认证装置等设备）技术资料、评估（测评）报告、漏洞检测报告、网络安全设备策略备份文件等内部资料的保密工作，禁止网络安全相关文档和配置文件的非授权传递和扩散。 （7）新建或改造的系统投运前，应聘请具备等级保护测评资质的第三方测评机构依据国家相关标准开展网络安全等级保护测评和安全防护评估，发现问题落实整改后方可并网运行。 （8）新建、改扩建并入电网运行的变电站（集控站、用户站）、发电厂、配电自动化设备在并网前应完成电力监控系统网络安全建设。运行中的调度机构、变电站（集控站、用户站）、发电厂不满足电力监控系统网络安全要求的，应实施技术改造。 （9）企业应建立电力行业网络产品和服务安全审查制度，明确审查范围，确立审查要点，规范审查流程。应加强对产品和服务供应商现场人员的网络安全管理，强化供应商资质审查、能力评估	9	（1）企业网络安全技术措施未做到同步规划、同步设计、同步建设、同步验收、同步运行，每项扣 1 分。 （2）企业未保障系统网络安全全过程管理建设资金，每项扣 1 分。 （3）网络安全设备选型不符合国家相关规定，每项扣 1 分。 （4）系统中的密码配备、使用和管理未格执行国家密码管理的有关规定及要求，每项扣 1 分。 （5）网络安全工程未与第三方签署保密协议，每项扣 1 分。 （6）企业未做好电力监控系统网络安全相关资料保密工作，每项扣 1 分。 （7）企业新建或改造系统并网投运前未按国家相关标准开展等级保护测评和安全防护评估并对发现问题落实整改，每项扣 1 分。 （8）企业未按要求开展电力监控系统网络安全建设和技术改造，每项扣 1 分。 （9）企业未按要求建立并开展电力行业网络产品和服务安全审查，每项扣 1 分

表 8-1（续）

序号	评价流程	评价标准	标准分值	查评方法
4	运行和维护管理	（1）企业应编制所维护的系统资产清单，包括资产责任部门、重要程度和所处位置、网络安全管理责任人等内容。路由器、交换机、服务器、邮件系统、目录系统、数据库、域名系统、安全设备、密码设备、密钥参数、交换机端口、IP 地址、用户账号、服务端口等网络资源应统一管理。 （2）企业应制定并开展网络安全值班与监控管理。对所辖范围系统网络安全进行实时监控，并对设备状态、恶意代码、补丁升级、安全审计等安全相关事项进行集中管控；对通信线路、主机、网络设备和应用软件的运行状况、网络流量、用户行为等进行监测和报警；发生网络安全异常或事件时，应立即开展处理。 （3）企业应对网络安全设备开展定期维护和检修。 （4）企业机房环境应满足国家相关标准，制定机房出入管理制度并严格执行。 （5）企业网络结构安全、网络边界安全、网络设备本体安全应遵循国家相关网络安全技术标准。企业内部基于计算机和网络技术的业务系统，应当划分为生产控制大区和管理信息大区，生产控制大区与管理信息大区之间必须设置经国家指定部门检测认证的电力专用横向单向安全隔离装置；生产控制大区可以分为控制区（安全区Ⅰ）和非控制区（安全区Ⅱ），安全区之间应当采用具有访问控制功能的设备、防火墙或者相当功能的设施，实现逻辑隔离；生产控制大区内部的系统配置应符合规定要求，硬件应满足要求，本级与相联的电力调度数据网之间应安装纵向加密认证装置或硬件防火墙；纵向加密装置、调度数据网纵向互联防火墙、厂站端综合数据网接入交换机、横向隔离装置、Ⅰ/Ⅱ区防火墙、Ⅲ/Ⅳ区防火墙等各类边界设备应按最小访问原则设置安全策略，各类高危端口得到全面封堵，确保网络边界防线严密到位	14	（1）企业未按要求编制所维护的系统资产清单并统一管理，每项扣 1 分。 （2）企业未开展网络安全值班与监控管理，每项扣 1 分。 （3）企业未对网络安全设备开展定期维护和检修，每项扣 1 分。 （4）企业机房环境不满足国家相关标准，未制定机房出入管理制度并严格执行，每项扣 1 分。 （5）企业网络结构安全、网络边界安全、网络设备本体安全不满足国家相关网络安全技术标准，每项扣 1 分。

表 8-1（续）

序号	评价流程	评价标准	标准分值	查评方法
4	运行和维护管理	（6）操作系统、数据库、中间件、应用系统应按照国家相关网络安全技术标准进行设置和管理。操作系统应按要求完成加固工作，关闭各类高危端口，安装安全补丁，关闭、封堵、拆除或禁用主机上不必要的 USB、软盘驱动、光盘驱动、串行口、无线、蓝牙等各类接口，关闭系统中不必要的服务；按要求设置操作系统及应用系统的账户、口令及权限，以及登录失败、登录超时、登录 IP 限制、安全审计等安全策略，安装杀毒软件并定期升级病毒库，确保主机及应用系统本体安全；跟踪系统厂商、上级部门发布的安全漏洞、安全补丁信息，定期开展系统安全漏洞修补工作，高危漏洞应及时进行修补。 （7）企业应部署防病毒管理系统，统一管理各防病毒客户端，监测和防范病毒、恶意代码感染。 （8）企业应规范移动存储介质以及便携式计算机接入系统及网络的管理。 （9）企业应建立系统、设备网络安全变更的管控机制，依据流程规范管控系统所有的变更，记录变更实施过程。 （10）企业应建立备份与恢复管理制度。明确需要定期备份的重要业务信息、系统数据及软件系统，定期开展备份工作；应健全数据安全保护机制，明确数据安全责任主体，实施重要数据的识别、分类和保护，关键系统、核心数据容灾备份设施建设；网络节点应具有备份恢复能力，能够有效防范病毒和黑客的攻击所引起的网络拥塞、系统崩溃和数据丢失。 （11）外包运维服务商的选择应符合国家及电力行业的有关规定。应与选定的外包运维服务商签订相关的安全协议，明确约定外包运维的范围、工作内容、网络安全责任和保密义务。 （12）企业应参照公安部《信息安全等级保护管理办法》《网络安全等级保护测评机构管理办法》《网络安全等级保护基本要求》等制度和标准规范相关要求，开展网络安全等级保护工作。 （13）关键信息基础设施运行维护单位应自行或者委托网络安全服务机构对网络的安全性和可能存在的风险每年至少进行一次检测评估，并将检测评估情况和改进措施报送相关负责关键信息基础设施安全保护工作的部门。 （14）企业应按照国家密码法、相关法律法规及文件要求，定期开展系统密码应用安全性评估（测评）工作。商用密码应用安全性评估（测评）应由国家密码管理部门认定的密码测评机构承担	14	（6）操作系统、数据库、中间件、应用系统未按照国家相关网络安全技术标准进行设置和管理，每项扣 1 分。 （7）企业未部署防病毒管理系统并统一管理，每项扣 1 分。 （8）企业未规范移动存储介质以及便携式计算机接入系统及网络管理，每项扣 1 分 （9）企业未建立系统、设备网络安全变更的管控机制，每项扣 1 分。 （10）企业未建立备份与恢复管理制度并严格执行，每项扣 1 分。 （11）外包运维服务商的选择不符合国家及电力行业的有关规定，每项扣 1 分。 （12）企业未按国家相关制度和标准规范开展网络安全等级保护工作，每项扣 1 分。 （13）企业未按要求对关键信息基础设施开展检测评估，每项扣 1 分。 （14）企业未按照国家密码法、相关法律法规及文件要求定期开展系统密码应用安全性评估（测评）工作，每项扣 1 分

表 8-1（续）

序号	评价流程	评价标准	标准分值	查评方法
5	退役管理	（1）系统、设备计划退役的，应在系统、设备退役后对现有系统网络安全影响进行安全评估。系统硬件、操作系统、应用系统等退役或更换后，应确保系统网络安全强度不低于退役或更换前强度。数据库退役前，应做好数据备份与迁移。网络设备退役后，不能影响网络的连通性。安全防护设备退役后，不能影响边界的完整性、访问控制策略的有效性。 （2）系统退役前，应将需保留的信息或数据安全地转移或暂存到可以恢复的介质中，确保将来可以继续使用。退役或废弃的设备应清除或销毁所含的涉密信息或敏感信息，对设备的处理方式应符合涉密信息销毁的有关要求；存储介质的清除或销毁，应按规定对信息的存储部件进行安全地覆盖或物理销毁，防止介质内的涉密信息或敏感信息泄露	2	（1）企业未按要求在系统、设备退役后对网络安全影响进行安全评估并完善相关网络安全技术措施，每项扣 1 分。 （2）企业未按要求对退役设备中的数据信息规范处理，每项扣 1 分
6	监督检查管理	企业应建立网络安全督查检查制度，定期开展网络安全督查检查，并针对发现问题及时整改	1	企业未建立网络安全督查检查制度并定期开展网络安全督查检查及整改，扣 1 分
7	安全事件与应急响应	（1）企业应建立网络安全事件处置机制，发生网络安全事件或可疑情况时，应及时启动安全事件处理流程，及时采取必要的措施，防止事件或异常影响扩大，并按要求及时逐级向网络安全主管部门报告，并根据有关规定及流程，向相关公安机关、能源监管机构等国家有关部门报告。相关部门、单位应视事件的影响范围和严重程度，部署必要的处置措施。同时应注意保护现场，以便进行调查取证和分析。 （2）企业应建立电力行业网络安全应急指挥平台，完善网络安全应急预案，组织开展实战型网络安全应急演练，提升网络安全事件应急快速响应能力	2	（1）企业未建立网络安全事件处置机制并按要求开展处理，每项扣 1 分。 （2）企业未建立电力行业网络安全应急指挥平台，网络安全应急预案不完善，每项扣 1 分
8	考核与问责	企业应制定网络安全考核与问责管理机制，对因未履行网络安全防护责任而造成网络安全事件的，以及因未履行网络安全防护责任而造成安全隐患的，按国家法律法规与企业相关条款对有关单位和责任人进行问责	1	企业未制定网络安全考核与问责管理机制，扣 1 分
9	管理回顾	企业应每年管理评审时，对网络安全管理进行回顾，对存在的不足进行改进	1	企业未对网络安全管理进行回顾，扣 1 分；回顾内容未形成闭环管理，扣 1 分

第九章　社会影响风险管控

1. 目的

通过分析企业安全生产活动，辨识对社会影响的风险，并实施全过程的风险评估、控制、跟踪、回顾的闭环管理，确保不发生社会影响事件。

2. 名词解释

重大改革事项：企业范围内的改制重组、产权转让、关闭破产、用工分配制度改革、厂办大集体改革、分离企业办社会职能、处理历史遗留问题等涉及职工切身利益、存在社会稳定风险的重大决策、重要举措及重大活动等。

3. 主要管理内容

（1）企业应组织各生产部门全面识别各项安全生产活动中的社会影响风险因素，建立社会影响风险数据库。

（2）开展社会影响的风险评估，并制定预控措施。

（3）全面做好社会影响过程风险控制和监测、强化风险总结回顾和持续改进。

4. 社会影响风险管控流程（图 9-1）

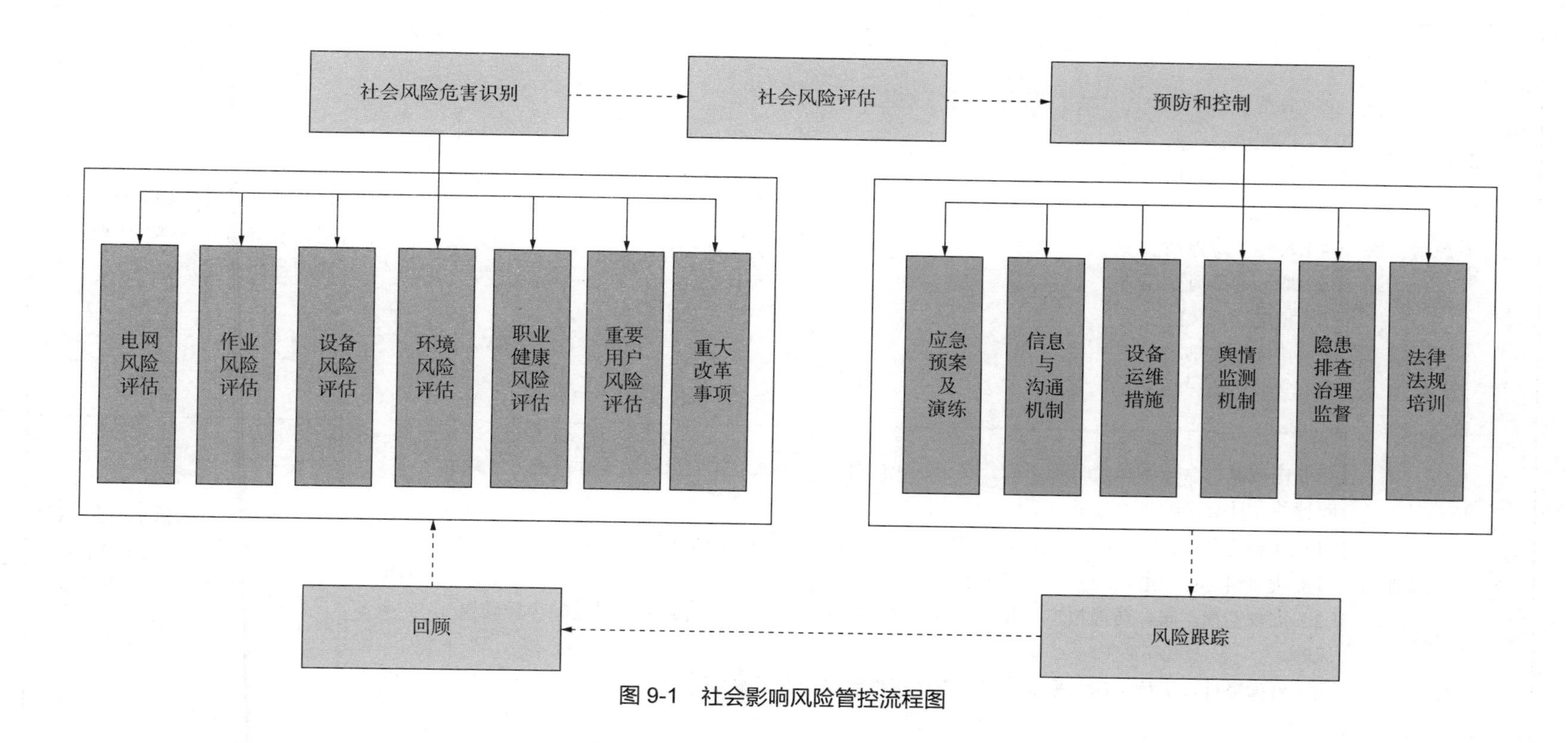

图 9-1　社会影响风险管控流程图

5. 社会影响风险管控评价标准（表 9-1）

表 9-1　社会影响风险管控评价标准

序号	评价流程	评价标准	标准分值	评分标准
1	风险识别	企业应基于以下风险评估结果识别出社会影响风险： （1）电网风险评估。 （2）作业风险评估。 （3）设备风险评估。 （4）环境风险评估。 （5）职业健康风险评估。 （6）重要用户风险评估。 （7）重大改革事项。 （8）其他风险评估	10	企业未开展社会影响风险识别，扣 5 分；风险识别不全面，每项扣 2 分
2	风险评估	企业应按照社会影响风险分类原则，将识别出的社会影响风险建立风险数据库，并开展风险评估。社会影响风险分类如下： （1）社会安全：大面积停电、重要用户停电、电力供应危机等引起的社会安全风险。 （2）法律纠纷：供电纠纷、民事纠纷等风险。 （3）声誉受损：媒体负面报道、相关方投诉和上级单位、政府部门通报等引起的声誉受损风险。 （4）群体事件：集体上访、聚众闹事等群体事件引起社会影响风险	10	企业未建立社会影响风险数据库，扣 5 分；风险识别不全面，每项扣 2 分；未开展风险评估，扣 5 分
3	风险报告	企业应根据社会影响风险评估结果作出评估预测，形成评估报告，确定风险等级，提出对策建议，并制定相应的预控措施	10	企业未编制风险报告，扣 10 分

表9-1（续）

序号	评价流程	评价标准	标准分值	评分标准
4	风险预控	企业应从以下方面制定预控措施： （1）建立相应应急预案及演练。 （2）建立信息与沟通机制。 （3）建立设备运维措施。 （4）建立舆情监测机制。 （5）隐患排查治理监督机制。 （6）法律法规培训。 （7）其他	10	企业未制定风险预控措施，扣5分；措施制定不全面，每项扣2分
5	风险跟踪	企业应将社会影响风险预控措施纳入部门计划，并定期跟踪	10	企业未将措施纳入部门工作计划，扣5分；未定期跟踪，扣2分
6	回顾	企业应每年通过管理评审对社会影响风险运作过程、风险控制措施的制定和执行、风险投入的合理性和有效性进行回顾，对存在的不足进行改进	10	企业未开展管理回顾，扣5分；回顾内容不全面，每项扣2分

第十章　文件体系

1. 目的

规范企业风险管控文件编制、审核、颁发、保存、取用等流程，确保流程与管理要求规范、有效。

2. 名词解释

规范性文件：相关部门通过既定程序制定的、对重复性及共同遵守的事务进行规范的文件，包括本地化的业务指导书、各类手册汇编等。

3. 主要管理内容

（1）执行国家、部门和地方有关法规标准，制定企业的管理标准，实现企业风险管控的制度保障。

（2）明确相关业务管理标准的编制原则、存取原则、变化原则和回顾原则等要求，确保企业管控文件规范、合规、可操作，确保企业员工易获取且渠道唯一。

（3）明确业务管控、业务管控流程与方法，推进企业员工按制度管控风险的工作习惯。

4. 文件体系评价标准（表 10-1）

表 10-1　文件体系评价标准

序号	评价流程	评价标准	标准分值	查评方法
1	业务管理标准制定	（1）企业应结合自身实际制定业务管理标准，对已识别的业务管理标准进行分析，确定执行其要求所需的支撑性、关联性文件。 （2）企业在制定所需的业务管理标准时，应重点考虑以下因素： 1）法律法规要求； 2）业务范围； 3）风险特点； 4）流程管理与控制要求； 5）企业惯例； 6）国际标准。 （3）业务管理标准职责应明确、工作内容应与实际情况相符。标准编制应体现以下内容： 1）目的准确、聚焦风险； 2）职责明确、可衡量，管理界面清晰； 3）引用/应用文件充分融入与关联； 4）管理节点逻辑严密并闭环； 5）表述简洁、可操作、无歧义，体现“5W1H”原则。 （4）企业应当结合自身实际制定相关风险评估技术标准，至少应包括：电网风险、作业风险、设备风险、环境风险、职业健康风险、信息安全风险、消防风险、交通风险、社会影响风险、建筑物与构筑物等技术标准。技术标准至少包括以下内容： 1）各对象的危害辨识与业务管理、实施责任； 2）危害辨识与业务的类别与范畴、实施流程、内容与方法； 3）危害辨识与业务的动态、闭环管理要求。 （5）风险评估技术标准应简单、可操作性强	20	（1）企业未结合实际制业务管理标准，每缺少一类，扣 2 分。 （2）企业所制定的业务管理标准，未重点考虑法律法规要求、业务范围、风险特点、流程管理与风险控制要求、国际和行业标准等关键因素，每缺失一个因素扣 1 分。 （3）业务管理标准职责不明确、工作内容与实际情况不相符、内容编制“5W1H”不明确，每项扣 2 分

表 10-1（续）

序号	评价流程	评价标准	标准分值	查评方法
2	业务管理标准合规性审核	（1）企业每年应对所制定的业务管理标准开展合规性审核，确保业务管理标准符合法律法规要求。 （2）企业在下发业务管理标准时，应由法律专业人员对标准进行合规性审核	20	（1）企业未定期对发布的业务管理标准开展合规性审核，扣 3 分。 （2）企业在下发业务管理标准时，未经法律专业人员对标准进行合规性审核，扣 2 分
3	业务管理标准宣贯培训	企业的业务管理标准发布后，应及时对各级管理人员开展宣贯培训，使各级管理人员掌握各类业务管理要求	20	企业的业务管理标准发布后，未及时组织开展宣贯培训，扣 5 分
4	业务管理标准执行	（1）企业各部门应结合业务实际对相应的业务标准进行梳理，并学习与自身业务管理对应的标准。 （2）企业各部门应当按照业务标准进行工作梳理，并将各项工作纳入计划进行有效管控。 （3）企业各部门应当按照业务标准要求开展各项业务管理与控制工作，并保存好相关记录	20	（1）企业各部门未结合业务实际对相应的业务标准进行梳理，未学习与自身业务管理对应的管理标准，每个部门扣 2 分。 （2）企业各部门未按照业务标准进行工作梳理，形成工作计划进行有效管控，每个部门扣 2 分。 （3）企业各部门未按照业务标准要求开展各项业务管理与控制工作，并保存好相关记录，每项扣 2 分
5	业务管理标准的控制	（1）企业应当编制文件管理标准，明确业务管理标准等安全生产文件的识别与控制要求。内容至少包含： 1）主索引表； 2）文件颁布与执行时间； 3）文件的版本与编号； 4）文件批准； 5）文件的发放控制； 6）文件解释权； 7）文件的变化与废止管理； 8）强制性文件、法律法规要求； 9）外部文件的接收、处理与反馈要求； 10）文件保存要求。 （2）企业应严格按照文件管理标准要求，做好业务管理标准的编制、发布、变化、废止和保存等日常工作	20	（1）企业未编制文件管理标准，未明确业务管理标准等安全生产文件的识别与控制要求，扣 10 分。 （2）企业未按照文件管理标准要求，开展业务管理标准的编制、发布、变化、废止和保存等日常工作，扣 5 分

表 10-1（续）

序号	评价流程	评价标准	标准分值	查评方法
6	业务管理标准的获取	（1）企业文件管理部门专业管理人员应掌握文件管理流程，定期更新平台文件，包含业务管理标准文件。 （2）企业应将有关文件发放到相关岗位。 （3）企业员工应清楚最新文件获取渠道，包含业务管理标准文件的获取，应有唯一的获取渠道。 （4）企业员工禁止使用已作废的业务管理标准	20	（1）企业文件管理部门专业管理人员不掌握文件管理流程，未定期更新平台文件，扣 2 分。 （2）企业未将有关文件发放到相关岗位，缺少一个岗位扣 1 分。 （3）企业员工不清楚最新文件获取渠道，获取渠道不唯一，扣 2 分。 （4）企业员工存在使用已作废的业务管理标准，发现一次扣 2 分
7	业务管理标准的变化管理	（1）企业应当结合国家法律法规、上级标准制度的变化及时修订企业本地化的业务管理标准。 （2）企业每年应公布现行有效的业务管理标准清单	20	（1）企业未及时结合国家法律法规、上级标准制度的变化修订企业本地化的业务管理标准，每项扣 2 分。 （2）未发布现行有效业务管理标准，扣 5 分
8	业务管理标准的回顾	企业应当每年结合企业的管理评审、年度总结等对企业本地化的业务管理标准的工作内容、流程、执行及效果进行回顾	10	企业未每年结合企业的管理评审、年度总结等对企业本地化的业务管理标准的工作内容、流程、执行及效果进行回顾，扣 2 分

第十一章　安全文化

1. 目的

通过建立普遍认知、广泛认同的具有企业特色的安全文化，引导企业员工全面预防、控制安全生产风险。

2. 名词解释

企业安全文化：被企业组织的员工群体所共享的安全价值观、态度、道德和行为规范组成的统一体，是企业文化的重要组成部分。

基础条件：能够促进或阻碍安全文化沿着既定目标推进的影响因素，包括企业文化特征和背景、行业特点、盈利状况、现代化管理水平、员工素质以及企业所在区域的政治环境、人文环境等。

安全环境：作业现场能够被员工感知的环境，包括物理环境（硬环境），如对不良作业条件的控制、物料堆放是否整洁、安全防护设备设施是否完备等，也包括人文环境（软环境），包括指导员工安全心理与安全行为的可视化指引、人文关怀等。

安全保障：企业为保证安全文化及安全管理等相关工作的顺利开展，而在专业机构设置、制度完善、硬件投入、信息传播等方面进行的保障性措施。

安全意识：员工在工作中表现出来的风险意识、履责意识、执行意识，及企业帮助员工提高安全意识的理念体系本身的完善程度与传播情况。

安全能力：员工对安全知识、技能、风险等内容的认知情况，以及企业在安全事务监管、防范风险和应急处置等方面的能力。

安全习惯：员工在安全沟通交流、自主安全管理与学习、参与安全事务等方面表现出来的惯常的行为做法。

3. 主要管理内容

从基础条件、安全环境、安全保障、安全意识、安全能力、安全习惯 6 个方面开展安全文化建设。

4. 安全文化评价标准（表 11-1）

表 11-1　安全文化评价标准

序号	评价流程	评价标准	标准分值	评分标准
1	基础条件（经营状况）	（1）企业应具有良好的经营健康状况，有能力在安全生产、安全文化建设方面投入足够预算。 （2）企业应具备现代化的管理水平，应建立安全生产信息系统，拥有自动化程度较高的设备，创新及成效明显。 （3）企业领导层及管理人员的管理思想和理念较为先进，如：领导层及管理人员经常接受或参加管理培训或研修班；引进并应用国际国内先进的管理思路、方法或体系；积极开展国际、国内同业对标；大力促进科技创新与管理创新等	4	（1）企业安全生产、安全文化建设费用投入不足，扣 2 分。 （2）企业未建立并应用安全生产信息系统，扣 2 分；设备自动化程度不高，扣 1 分；创新及成效不明显，扣 1 分。 （3）企业领导层及管理人员未定期接受管理培训，扣 2 分；未引进并应用国际国内先进的管理思路、方法或体系，扣 1 分；未开展国际、国内同业对标，扣 1 分；科技创新与管理创新推进力度不足，扣 1 分
2	基础条件（人力资源）	（1）企业员工整体受教育程度较高，员工队伍学历、技术技能水平分布合理。 （2）企业员工流失性应控制在合理水平，内部流通性比较正常。 （3）企业关键生产岗位员工应拥有较为丰富的经验	4	（1）企业员工本科及以上学历人员不超过 30%，扣 1 分。 （2）企业员工年流失率高于 2%，扣 1 分。 （3）企业关键生产岗位员工缺乏经验，每个岗位扣 0.5 分

表 11-1（续）

序号	评价流程	评价标准	标准分值	评分标准
3	基础条件（外部环境）	企业应具备有利于建设安全文化的外部环境，主要包括行业安全受上级单位及主管部门重视程度较高、地方性安全生产法规完善程度较好、地方安全监管部门监管与执法到位情况较好、地区文化习俗开放性、包容性较强	4	（1）企业受上级单位及主管部门重视程度不足，向上级单位及主管部门汇报协调的问题未能得到及时答复和处置，扣 2 分。 （2）企业所在地方性安全生产法规完善程度不足，扣 2 分。 （3）企业因地区文化习俗开放性、包容性不强，影响安全生产工作推进，每次扣 1 分
4	安全环境（工作环境）	（1）企业应在办公、生产、仓储等区域布置完善、可视的安全指引。包含但不限于： 1）办公、生产、仓储区域的消防标识，应急照明、应急疏散图等； 2）生产场所交通、电气、化学品使用、职业健康危害因素警示等可视化指引； 3）机械、工具、特种设备的可视化指引； 4）外部环境安全警示等指引。 （2）企业应制定员工劳保用品配置标准，并按要求配置，使员工对工作环境具有较高的安全感	4	（1）企业未在生产场所布置安全指引，每处扣 1 分。 （2）企业未制定员工劳动保护用品配置标准，扣 2 分；员工劳动保护未配置到位，每人扣 1 分

表 11-1（续）

序号	评价流程	评价标准	标准分值	评分标准
5	安全环境（人文环境）	（1）企业应关心员工的家庭和身心健康，如：严格执行员工定期体检、休假与疗养制度，建立心理调适机制使员工产生应激反应时可得到有效的心理咨询等，使员工感到身心愉悦。 （2）企业应建立认可与激励机制，明确安健环表现认可与激励的方式与方法。认可与激励的对象包括组织与个人，所有员工均有获得认可与激励的机会。激励的方式应兼顾精神和物质两个层面，激励的层级涵盖上对下、下对上以及同级之间。认可的安健环表现应包括但不限于： 1）积极主动制止 / 消除、报告 / 反馈存在风险的行为和状态； 2）积极主动报告 / 反馈安健环管理问题； 3）积极参与安健环事务或提出合理化建议； 4）主动关心、帮助和引领员工提升安健环意识和能力； 5）主动从事安健环管理或技术的创新 （3）企业应将个人安健环表现作为员工晋升的参考条件。认可与激励应以正式形式实施，并通过公告牌或电子信息媒介、局域网等形式展示安健环荣誉、绩效等信息，使安健环表现良好的人受人欢迎、尊敬。 （4）企业应通过不同的方式营造良好的安全氛围，包括但不限于： 1）制定安全宣传教育活动计划并按要求开展，如安全生产月活动、班组安全活动、安全警示教育以及其他形式的安全教育； 2）按照企业管理要求设置醒目的安全标识； 3）有受员工欢迎的安全标语口号	4	（1）企业未组织员工定期体检，扣 2 分。 （2）企业员工休假与疗养权益未落实到位，每人扣 1 分。 （3）企业未为员工提供心理辅导或心理咨询，扣 1 分。 （4）企业未建立认可与激励机制，扣 2 分；认可与激励对象不全面，每缺少一类扣 1 分；激励层级涵盖不全面，每缺少一个层级扣 1 分。 （5）企业未将个人安健环表现纳入员工晋升的参考条件，扣 1 分；安全行为激励未正式公布、展示，扣 1 分。 （6）企业未制定安全宣传教育活动计划，扣 2 分；未落实安全宣传活动计划，每项扣 1 分；未设置醒目的安全标识，每处扣 1 分；没有受员工欢迎的安全标语口号，扣 1 分

表 11-1（续）

序号	评价流程	评价标准	标准分值	评分标准
6	安全环境（员工参与）	企业应通过组织活动、召开会议、建立制度等方式，鼓励员工人人参与安全生产、管理的安全环境，包括但不限于以下方式： 1）按照会议管理要求，定期召开由员工代表参加的安全会议，如安全生产分析月会、周会及专题会议等； 2）组织各种喜闻乐见的安全活动，如安全知识竞赛、安全生产月活动、安全经验分享等； 3）组织员工参与安全标准、安全制度或安全管理规定的制定和修编； 4）建立鼓励员工提出安全建议的制度并不断完善，如安全生产合理化建议管理机制，明确建议收集、汇总、整理、分类，以及信息反馈、组织评审、推广应用等工作	4	（1）企业未按会议规定要求组织安全生产分析月会、周会等会议，每次扣 1 分。 （2）企业未组织开展各类安全活动，扣 1 分。 （3）企业员工对制度规定修编的参与度不足，扣 1 分。 （4）企业未建立提出建议的机制，扣 2 分；提出的建议未得到反馈和处置，每条扣 1 分
7	安全保障（组织保障）	（1）企业应建立安全生产责任制管理机制，内容应全面可操作。制定各级、各岗位人员的安全生产责任制，并及时告知员工。制定的安全生产责任制应包含但不限于： 1）符合法律法规、风险管控、目标与指标控制要求，并与标准规定职责一致； 2）责任制应全面，资源配置、制度标准和风险管控方法应科学、实用； 3）责任与角色相匹配，责权应相对应，符合安全管理权责分配依据的原则，责任描述应清楚，并便于落实责任和责任追究； 4）责任制中责任描述应科学，包含具体事务、对具体事务哪方面负责等； 5）应建立拒绝标准，明确员工拒绝工作不受到责罚或问责，确保员工拒绝得到公正调查，调查解决应及时反馈。 （2）电网企业应建立机构与人员管理机制，设置专人专职专责的安全管理机构和人员，设置的安全机构应包括安委会、安监部、三级安全监督网、应急管理机构及其他安全机构，并按法律法规及其他要求配置相应的人员。 （3）企业应制定本质安全型企业建设工作计划，组织开展本质安全型企业建设工作	4	（1）企业未制定安全生产责任制，扣 4 分；安全生产责任制覆盖不全面，每少一个岗位扣 1 分；安全生产责任制责权背离程度大，扣 2 分；未建立拒绝标准，扣 2 分。 （2）企业未制定机构与人员管理机制，扣 2 分；未按要求设立必要的安全生产管理机构，扣 2 分。 （3）企业未制定本质安全型企业建设工作计划，扣 2 分；未按计划落实本质安全型企业建设工作，每项扣 1 分

表 11-1（续）

序号	评价流程	评价标准	标准分值	评分标准
8	安全保障（硬件保障）	（1）企业安全设备设施应及时更新。 （2）企业预防事故的器材工具应管用好用。 （3）企业应能及时提供合格的安全防护设施和用品。 （4）企业应能定期开展安全基础设施检查	4	（1）企业未及时更新安全设备设施，扣2分。 （2）企业预防事故的器材工具不管用、不好用，扣2分。 （3）企业未提供合格的安全防护设施和用品，扣2分。 （4）企业未定期开展安全基础设施检查，扣2分
9	安全保障（信息保障）	（1）企业应建立和完善安全管理信息库、安全技术信息库、安全事故事件信息库和安全知识信息库等各种安全信息库，储备大量的安全信息资源。 （2）企业应建立安全信息沟通标准，识别并明确各类安全信息的传播对象、时机、方式、职责，形成信息传播系统，确保信息得到及时沟通和传递，传播的安全信息包括但不限于： 1）国家和各级政府最新发布的安全生产法律法规和文件； 2）上级下发的安全生产文件、标准及要求； 3）内外部变化及相关的安全风险信息； 4）本单位的安全生产方针、目标与指标； 5）本单位的安全管理及作业文件、责任制； 6）国家、行业、本系统有关安全生产的事故 / 事件信息； 7）本单位安全生产会议纪要、简报、简讯及其他安全生产信息； 8）员工对安全生产的建议和抱怨； 9）相关方的需求与本单位潜在风险的影响。 （3）员工及相关方应能正确理解电网企业安全信息，了解企业管理要求，清楚信息获取途径。 （4）企业应与政府安全生产相关部门、监管机构、相关方、承包商之间能保持良好的安全信息沟通与交流，沟通渠道畅通	4	（1）企业安全信息库不全面，每缺少一项内容扣1分。 （2）企业未建立安全信息沟通标准，扣2分；沟通内容不全面，每个问题扣1分；沟通方式不具操作性，扣1分。 （3）企业安全信息未能得到有效传播，每次扣1分。 （4）企业与政府安全生产相关部门、监管机构、相关方、承包商之间沟通交流不畅，扣2分

表 11-1（续）

序号	评价流程	评价标准	标准分值	评分标准
10	安全保障（知识保障）	（1）企业应组织员工开展足够的培训，保障员工满足安全生产需求。 （2）企业应重视推广安全管理方面的先进经验。 （3）企业应重视应用先进技术保障安全。 （4）企业应组织员工经常参加先进安全技术、安全管理方面的科研交流活动	4	（1）企业员工培训不满足安全生产需求，扣2分。 （2）企业推广安全管理先进经验不足，扣2分。 （3）企业对保障安全的先进技术应用不足，扣2分。 （4）企业未经常组织员工参加先进安全技术、安全管理方面的科研交流活动，扣2分
11	安全意识（安全理念）	（1）企业最高领导者应建立包括安全价值观、安全愿景、安全使命和安全目标等在内的安全理念体系，并由企业最高管理者签发。安全理念体系应具备以下特征： 1）切合企业特点和实际，反映共同安全志向；表述的理念具有先进性、时代性； 2）明确安全问题在组织内部具有最高优先权； 3）声明所有与企业安全有关的重要活动都追求卓越； 4）含义清晰明了，具有较强的普适性、独特性和感召力，对安全承诺进行适当的释义，并被全体员工和相关方所知晓和理解。 （2）企业应针对安全理念体系在内部及外部进行全面、及时、有效传播，主要包括但不限于以下方式： 1）在主要生产办公场所公布、张贴安全理念标语； 2）在新员工入职培训进行宣传； 3）外包工程管理中，在安全教育记录中传达； 4）每年结合各种安全会议进行至少一次传达。 （3）安全理念应得到全体员工特别是基层员工的深刻理解和广泛认同，企业领导应身体力行、率先垂范，全体员工应把承诺内容应用于安全管理和安全生产的实践当中。 （4）企业各级人员都能严格执行安全管理规定；管理人员在布置各项工作时都提出明确的安全要求，员工都能服从领导的安全指挥，非常注重平时的安全检查，并注重培养员工的安全习惯	4	（1）企业未建立安全理念体系，扣4分；理念体系内容过于抽象、不切合实际或感召力不强，扣2分；安全理念不是最高领导者签发，扣1分。 （2）企业未对安全理念体系进行传达，扣2分；传达对象不全面，扣1分。 （3）企业安全理念得不到员工认同，扣2分；企业领导未带头践行安全理念，扣2分；员工未践行安全理念，扣1分。 （4）企业员工未执行安全管理规定，每次扣2分；管理人员布置工作要求不明确，每次扣1分；员工不服从领导安全指挥，每次扣1分

表 11-1（续）

序号	评价流程	评价标准	标准分值	评分标准
12	安全意识（履责意识）	（1）企业决策层应有以人为本的思维、风险思维、系统思维、变化与发展思维。应持续、充分辨识自身可能存在的、与安全价值体系不一致的风险行为，分析行为动机和影响，并对风险行为的纠正作出以下正式书面承诺： 1）承诺应具体、可测量，正确行为方式建立后，承诺应及时更新； 2）承诺应在会议中说明，并可采取以下渠道公告：宣传栏、内部网络、电子传媒等。 （2）企业决策层应践行安全价值体系，在安全生产上真正投入时间和资源，并通过固化的载体兑现书面承诺。固化的载体包括但不限于：风险投入、管理决策、个人行为自律、安全事务参与、对员工的关心、检查巡视。企业每年应对决策层践行安全承诺进行评估，及时发现践行的问题。 （3）电网企业决策层应践行安全价值体系，以实际行动体现安全态度，可参照以下方式： 1）每年正式、全过程参与一次专业安全学习； 2）每年讲一堂安全课； 3）在会议开始前，进行安全经验分享； 4）全过程参与一次安全主题活动。 （4）企业应根据领导践行安全承诺过程发现的问题不断完善践行工作，及时优化书面承诺，定期完善安全价值体系	4	（1）企业管理思维未体现以人为本、基于风险、系统化、变化和发展等特点，扣2分。 （2）企业决策层未对自身行为作出书面承诺，扣2分；书面承诺内容不具体或可执行性不强，每次扣1分；承诺未进行公告、传达，扣1分。 （3）企业未对企业决策层的践行安全承诺的行为进行评估，扣1分。 （4）企业领导践行安全承诺过程发现的问题未及时闭环，每项扣1分

表 11-1（续）

序号	评价流程	评价标准	标准分值	评分标准
13	安全能力（认知能力）	（1）企业应对各类岗位进行调查、分析，建立各岗位能力模型及其有效的安全学习模式，实现动态发展和安全学习过程，提高员工认知能力，保证安全绩效的持续改进。岗位胜任模型建立时应考虑： 1）岗位说明书； 2）法律法规和标准要求； 3）岗位综合素质要求； 4）专业知识技能要求； 5）岗位风险控制要求； 6）日常管理知识要求。 （2）企业应建立正式的岗位适任资格评估和培训系统，确保全体员工充分胜任所承担的工作。应包含但不限于： 1）制定人员聘任和选拔程序，保证员工具有岗位适任要求的初始条件； 2）安排必要的培训及定期复训，评估培训效果； 3）培训内容除有关安全知识和技能外，还应包括对严格遵守安全规范的理解，以及个人安全职责的重要意义和因理解偏差或缺乏严谨而产生失误的后果； 4）除借助外部培训机构外，应选拔、训练和聘任内部培训教师，使其成为企业安全文化建设过程的知识和信息传播者。 （3）企业应将经验教训、改进机会和改进过程的信息编写到内部培训课程或宣传教育活动中，使员工广泛知晓。 （4）企业应鼓励员工对安全问题予以关注，进行团队协作，利用既有知识能力，辨识和分析可供改进的机会，对改进措施提出建议，并在可控条件下授权员工自主改进	4	（1）企业未建立各岗位胜任模型，扣4分；岗位能力模型未覆盖全部岗位，每个岗位扣1分。 （2）企业员工无法胜任所承担的岗位工作，每人扣1分。 （3）企业未将经验教训、改进机会和改进过程的信息编写到内部培训课程或宣传教育活动中，每项扣1分。 （4）企业未鼓励员工对安全问题予以关注，并进行自主改进，每项扣1分
14	安全能力（监管能力）	（1）企业安全生产管理人员对安全管理应有正确、全面的认识，能清楚理解自身职责，技术技能水平符合安全管理要求。 （2）企业安全管理人员应掌握足够的信息和知识，经常研究分析企业安全形势，并制定有针对性的措施，开展安全监督管理工作。 （3）安全生产管理机构与人员应有效控制企业安全生产风险，安全绩效、应急机制完善程度、事故/事件管理水平较高	4	（1）企业安全管理人员对安全管理的认识不正确、不全面，每人扣1分。 （2）企业安全管理人员对安全信息的掌握程度不足，未针对性制定措施开展安全监督管理工作，每人扣1分。 （3）企业发生责任事故/事件，每起扣2分

表 11-1（续）

序号	评价流程	评价标准	标准分值	评分标准
15	安全能力（防范能力）	企业企应制定切实可行的安全预防措施；员工遇到领导违章指挥，员工能够敢于拒绝；企业的员工能及时发现和报告安全工作中的问题；员工遇到事故后知道如何应对和自我保护；企业能够认真处理事故苗头和消除隐患	4	（1）企业员工未拒绝领导的违章指挥，每次扣 1 分。 （2）企业员工未及时发现和上报工作中的安全问题，每次扣 1 分。 （3）企业员工不清楚事故应对方法和自我保护方法，每次扣 1 分。 （4）企业未能有效处理事故苗头、消除安全隐患，导致事故或隐患扩大，每次扣 2 分
16	安全能力（应急能力）	（1）企业应组建应急队伍，包括内部队伍及外部队伍。内部队伍名单应正式公布，外部队伍应正式签订应急援助协议，应与政府部门和重要用户建立应急联动机制，固化应急响应时的外部联系和支援流程。 （2）企业应针对识别出的可能发生的安全事故 / 事件分层分级编制了应急预案。应急预案至少应包括以下类别：大面积停电、人身伤亡、设备事故、气象灾害、地质灾害、交通事故、恐怖事件、群体事件、电力供应、网络安全事件、公共卫生事件等。应急预案应涵盖下列内容：风险与资源分析、应急预警机制、应急响应等级、应急资源准备、应急组织及人员职责、应急响应程序、外部的联系与支援、应急培训与演练周期、恢复程序等。应急预案内容应简单、明了、符合实际、可直接执行。 （3）企业应对应急预案制定演练计划，并按计划进行正规的应急演练或反事故演练。 （4）电网企业应按照应急预案要求配备应急物资，应急物资种类应全面，至少涵盖设备、设施、材料、工具、医疗救护、个人防护等，数量应满足应急响应的要求。企业应定期检查以确保物资齐全并处于完好状态，并更新应急物资	4	（1）企业未建立内部或外部应急队伍，扣 2 分；内部应急队伍名单未正式公布，扣 1 分；未与外部应急队伍签订正式协议，扣 1 分。 （2）企业应急预案种类不全面，每缺少一项扣 1 分；预案涵盖内容不全面，每项扣 0.5 分。 （3）企业未制定应急演练计划，扣 2 分；未按计划开展应急演练，每项扣 1 分。 （4）企业应急物资种类不全面，每项扣 1 分；应急物资状态不完好，每项扣 0.5 分

表 11-1（续）

序号	评价流程	评价标准	标准分值	评分标准
17	安全习惯（沟通交流）	企业员工应互相分享防范、规避安全事故的经验；上下级之间和员工之间能够就安全问题主动进行交流	4	（1）企业员工未主动分享防范、规避安全事故的经验，扣 2 分。 （2）企业上下级之间和员工之间未就安全问题主动进行交流，扣 1 分
18	安全习惯（自主管理）	（1）企业应建立违章、未遂事件上报、分析、共享机制，收集实质性未遂事件。建立未遂事件管理标准，并对未遂事件上报、分析、共享机制进行明确，鼓励员工主动上报未遂事件。员工应主动报告、分享违章、未遂事件，并对问题进行有效分析和改进。 （2）企业员工应认识到自己负有对自身和同事安全作出贡献的重要责任，定期开展岗位风险预见性分析和不安全行为或不安全状态的自查自评活动，如作业风险评估、设备风险评估等。 （3）企业应建立让承包商参与安全事务和改进过程的机制，包括： 1）通过安全协议、安全制度宣传等方式，使承包商清楚企业的要求和标准； 2）外包单位参加工作时，通过班前班后会、安全教育等方式，让承包商参与工作准备、风险分析和经验反馈等活动，并倾听承包商对企业生产经营过程中所存在的安全改进机会的意见	4	（1）企业未建立员工违章、未遂事件管理机制，扣 2 分；未对未遂事件进行分析并制定纠正与预防措施，每次扣 1 分；各类未遂事件未进行分享和学习，扣 1 分。 （2）企业员工未按要求开展岗位风险评估与分析、不安全行为自查等活动，每项扣 1 分。 （3）企业未对承包商进行沟通传达企业的要求和标准，每次扣 2 分；未组织承包商参与工作准备、风险分析等活动，每次扣 1 分；未倾听和采纳承包商正确的安全改进机会意见，每次扣 1 分
19	安全习惯（自主学习）	员工应能主动学习安全知识技能并乐于参加培训。企业经常与外部安全专家沟通交流	2	（1）企业员工未主动学习安全知识技能并积极参加培训，扣 2 分。 （2）企业未经常与外部安全专家沟通交流，扣 1 分

第十二章　持续改进

1. 目的

识别安全生产活动中存在的问题，评估安全生产管理系统运行绩效，建立纠正预防系统持续改进，不断提高企业安全生产管理水平。

2. 名词解释

安全区代表：由所在安全区域的企业员工选举产生，并经企业主要负责人任命的，代表所管辖区域内的安全、健康、环境利益并协助管理的人员。

任务观察：对作业人员执行任务过程的观察，目的在于了解、掌握作业人员执行作业步骤和作业方法中存在的不足，制度标准的正确性以及跟踪员工接受培训的效果，以便为培训、制度规定与作业标准的修编提供依据。

审核：对本企业在审核周期内的安全风险预控体系策划、实施、依从和效果等进行全面评价。

管理评审：由企业主要负责人组织开展的安全风险预控体系运作情况审核，主要是对体系运作过程中在思想、认识、资源、过程和效果等方面存在的主要问题进行分析并提出改进措施。

3. 主要管理内容

建立发现问题与改进机制，通过全面动态检查、隐患排查、定期体系审核和管理评审等方式识别问题，使用统一规范的平台对发现问题分析及纠正和预防，全面掌握问题规律，采取针对性措施，实现管理提升。

4. 持续改进流程（图 12-1）

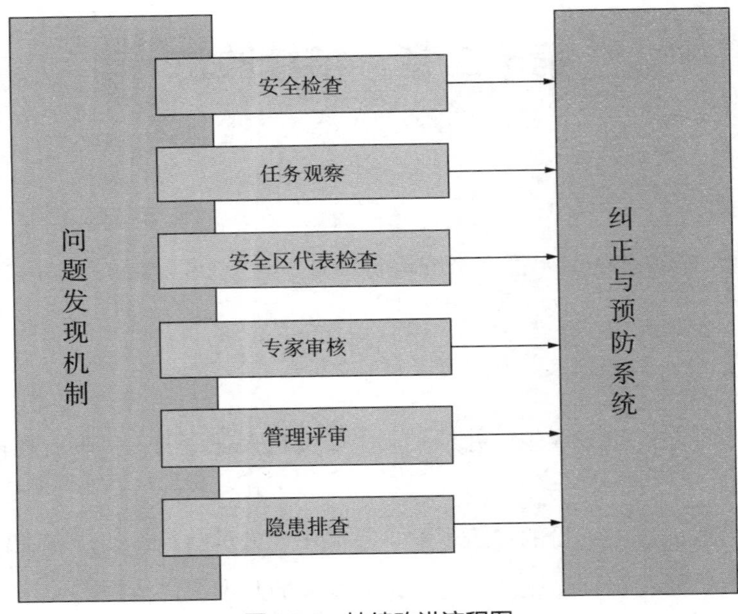

图 12-1　持续改进流程图

5. 持续改进评价标准（表 12-1）

表 12-1　持续改进评价标准

序号	评价流程	评价标准	标准分值	评分标准
1	问题发现机制	（1）企业应建立关于检查、隐患排查、审核与管理评审等问题发现与改进机制，不断提高安全生产管理的绩效。 （2）发现问题机制应包括检查、隐患排查、审核、管理评审、安全区代表检查、任务观察发现等方式	8	（1）企业未建立问题发现与改进机制，扣 4 分。 （2）企业发现问题的来源机制建立不全面，每缺一类扣 1 分

表 12-1（续）

序号	评价流程	评价标准	标准分值	评分标准
2	问题发现机制（安全检查）	（1）企业应结合季节性特点和事故规律，定期或不定期组织开展安全检查。 （2）企业开展安全检查前应编制检查提纲（方案）或“安全检查表”，确定其检查项目 / 内容、检查方法、检查频率或检查时机。 （3）企业应关注用具的使用前检查、安健环专项设备检查、受法律法规约束的设备设施检查。 （4）企业应对查出问题制定整改计划并监督落实，安全检查后进行总结，对整改计划实施情况进行考核	10	（1）企业未定期或不定期组织开展安全检查，每次扣 2 分。 （2）企业检查工作无提纲（方案）或“安全检查表”，每次扣 2 分。 （3）企业未关注用具的使用前检查、安健环专项设备检查、受法律法规约束的设备设施检查，每次扣 1 分。 （4）企业整改计划不落实，未按期完成整改计划，整改效果无评估、无总结、无考核，每项扣 1 分
3	问题发现机制（任务观察）	（1）企业应制定任务观察标准。 （2）企业应基于了解员工的工作习惯和风险意识、检验工作标准的全面性和可操作性、跟踪培训效果等目的，根据风险大小开展有计划的任务观察。 （3）企业应针对任务观察发现进行处置	10	（1）企业未制定任务观察标准，扣 5 分。 （2）企业未根据风险大小开展有计划任务观察，每项扣 1 分。 （3）企业未对任务观察发现进行处置，每项扣 1 分
4	问题发现机制（安全区代表检查）	（1）安全区代表在问题搜集与督促整改方面应发挥积极作用，检查能发现安健环、建议或投诉、日常巡查发现等实质性问题，并启动纠正预防流程，融入日常管理业务改进，定期跟踪处理情况。 （2）安全区代表应从控制风险的角度进行问题分析，整理归纳提出合理化建议上报	10	（1）安全区代表检查未能发现实质性问题，扣 3 分；发现问题未融入日常管理业务改进，并定期跟踪处理情况，扣 1 分。 （2）安全区代表上报的合理化建议不满足要求，每项扣 1 分
5	问题发现机制（专家审核）	（1）企业应定期组织开展安全风险预控体系审核，每年至少进行一次内部审核。 （2）企业应认真做好审核发现分析、整改工作，实现安全风险预控体系审核闭环动态管理	10	（1）企业未按周期开展安全风险预控体系审核，扣 5 分。 （2）企业未开展审核发现分析，问题整改计划没有做到闭环管理，扣 2 分

表 12-1（续）

序号	评价流程	评价标准	标准分值	评分标准
6	问题发现机制（管理评审）	（1）企业主要负责人每年应在年度工作会前组织开展管理评审。管理评审前应制定工作计划、评审方案，按计划和职责分工开展专业管理评审，能发现管理存在的实质问题。 （2）企业管理评审范围应包括：预定目标指标和绩效、影响安全生产的变化、纠正与预防措施的效力、检查与审核发现、事故事件统计分析结果、奖惩情况、人员任务和职责的合理性、历次管理评审问题改进等，纳入管理评审进行回顾总结的要素应齐全。管理评审报告编制内容应确定管理机制、制度标准、执行力、执行能力、技术与方法等管理系统方面存在的改进机会和措施，当前的重大风险并制定内部的缓减与控制计划，优化资源配置等，报告发布应文件化。 （3）企业应根据评审结果制定可行的改进措施，责任部门对管理评审发现问题实施过程跟踪与管控。 （4）企业应将管理评审结果作为编制年度工作报告和安全生产工作报告的依据，并明确责任形成工作计划执行	10	（1）企业未开展年度管理评审，扣5分；未制定管理评审工作计划、评审方案，扣2分；未按计划和职责分工开展专业管理评审，扣2分。 （2）企业管理评审覆盖范围不全面，扣2分；管理评审缺少要素回顾的，每项扣1分；管理评审无实际改进措施计划输出，扣2分；未正式发布管理评审报告，扣1分。 （3）企业未针对管理评审发现问题制定改进措施，每项扣5分；责任部门未对管理评审发现问题实施过程跟踪与管控，扣2分；措施失效，每项扣0.5分。 （4）企业未将管理评审结果明确责任形成工作计划执行，扣2分
7	问题发现机制（隐患排查）	（1）企业建立的隐患排查治理制度，应符合国家有关安全隐患管理规定的要求，界定隐患分级、分类标准，明确“查找—评估—报告—治理（控制）—验收—销号”的闭环管理流程。 （2）企业应制定隐患排查治理方案，明确排查的目的、范围和排查方法，落实责任人。排查方案应依据有关安全生产法律法规要求、设计规范、管理标准、技术标准、企业安全生产目标等制定，并应包含人的不安全行为、物的不安全状态及管理的欠缺等3个方面。 （3）企业应根据隐患排查的结果制定隐患治理方案，一般隐患应及时进行治理。短时间内无法消除的隐患要制定整改措施、确定责任人、落实资金、明确时限和编制预案，做到安全措施到位、安全保障到位、强制执行到位、责任落实到位。重大安全隐患在治理前要采取有效控制措施、制定相应应急预案，并按有关规定及时上报。 （4）企业应每季、每年对本单位事故隐患排查治理情况进行统计分析评估，确定隐患等级，登记建档，及时采取有效的治理措施。统计分析材料以及重大隐患按要求及时报送能源监管机构和安全监管部门，报表应当由主要负责人签字	10	（1）企业未建立隐患排查治理制度，扣5分；制度闭环管理流程不完善，扣2分。 （2）企业未制定隐患排查治理方案，每次扣1分；方案不符合有关要求，每项扣0.5分；漏查一般隐患，每项扣1分；漏查重大隐患，每项扣2分；排查未包含人、物、管理内容，扣2分。 （3）企业一般隐患未能及时治理，每项扣1分；排查出的重大隐患未进行针对性的原因分析，未制定隐患治理方案，每次扣2分；未按期治理，每项扣1分。 （4）未定期进行统计分析评估，扣2分；未按要求及时报送监管机构和安全监管部门，扣2分；统计分析表未由主要负责人签字，扣1分

表 12-1（续）

序号	评价流程	评价标准	标准分值	评分标准
8	纠正与预防	（1）企业应建立纠正与预防系统，使检查与审核等发现的问题在统一规范的平台上得到有效地分析及纠正、预防。 （2）企业应通过问题整改“五个机制”（根本原因分析机制、整改计划工作机制、专项督办机制、评估机制、考核机制），推动问题整改到位。 1）针对发现的问题应进行根本原因分析，根本原因分析准确、到位，整改措施具备针对性和可操作性； 2）建立问题整改计划工作机制，将问题整改计划纳入部门、班站月度工作计划，明确责任人、完成期限； 3）建立整改工作定期督办机制，每月定期通过会议、协同办公系统等进行通报督办各类检查、审核发现的整改情况； 4）整改情况应形成评估机制，对已完成整改的问题明确检查人（验收人），核查整改报送情况与实际相符； 5）建立考核机制，评价整改落实不到位问题，对整改落实不到位人员进行考核。 （3）收集问题应全面覆盖安全生产各业务领域，包括但不限于运维人员设备巡视及检修人员预试定检发现问题，安全区代表检查、各级管理人员在生产现场的安全监督检查、安全检查（指春秋季、专项及重要节假日保供电安全检查、隐患排查等）发现问题，各类会议、各种小组活动（QC 小组、科技创新小组等）、员工提出的意见和关心的问题，相关方建议、相关方的投诉等，安全风险预控体系审核、管理评审发现问题，事故 / 事件调查分析，风险评估、任务观察、职业卫生监测、环境监测、工程设计变更及验收发现的问题。 （4）企业应对各类发现问题从类型、专业、责任部门等方面进行问题汇总、统计分析，数据全面充分。事故 / 事件暴露问题得到有效整改，不出现重复性事件。历次检查发现问题得到有效整改，现场核实整改完成情况不出现重复问题。 （5）定期分析纠正与预防系统运转情况，纠正与预防系统与具体业务相结合，运转顺畅，预防措施制定全面并得到有效执行	8	（1）企业未建立统一规范的纠正与预防系统平台，扣 4 分；各类问题未明确纠正与预防渠道、载体，存在多重渠道、多种表单重复执行的情况，每项扣 1 分。 （2）企业未对问题进行根本原因分析，或根本原因分析不到位，每项扣 1 分；整改措施不具针对性和可操作性，每项扣 1 分。 （3）企业问题整改计划未进行分解或未纳入工作计划，每项扣 1 分。 （4）企业未形成整改工作定期督办机制，扣 2 分；未定期进行督办，每次扣 1 分。 （5）企业问题整改情况未形成评估机制，扣 2 分；整改情况评估漏项或评估不准确，每项扣 1 分。 （6）企业未考核整改落实不到位人员，每次扣 1 分。 （7）企业收集问题不全面，有缺漏，每项扣 1 分。 （8）企业未对发现问题进行统计分析，扣 2 分；重复性事故 / 事件和问题未得到有效整改，每项扣 1 分；出现被上级通报的重复性问题，每项扣 2 分。 （9）未定期分析纠正与预防系统运转情况，扣 2 分；发现纠正与预防系统不与具体业务相结合的情况，每项扣 1 分
9	管理回顾	企业每年应结合企业的管理评审工作、纠正与预防分析结果等进行回顾，持续改进，不断提高安全绩效	4	未对安全风险预控体系进行持续改进回顾，扣 4 分

参考文献

[1] 中华人民共和国安全生产法（中华人民共和国主席令第 13 号）

[2] 中华人民共和国职业病防治法（中华人民共和国主席令第 52 号）

[3] 中华人民共和国道路交通安全法（中华人民共和国主席令第 47 号）

[4] 中华人民共和国道路交通安全法实施条例（国务院令第 405 号）

[5] 中华人民共和国消防法（中华人民共和国主席令第 6 号）

[6] DL 5027—2015 电力设备典型消防规程

[7]《电网企业安全生产标准化规范及达标评级标准》

[8]《中国南方电网有限责任公司安全生产风险管理体系审核指南》(2017 年版)

[9] Q/CSG432109—2014 中国南方电网有限责任公司系统运行风险管理业务指导书

[10] Q/CSG11104002—2012 南方电网运行安全风险量化评估技术规范

[11] Q/CSG210001—2017 中国南方电网有限责任公司安全生产风险管理工作规定

[12] Q/CSG510001—2015 中国南方电网有限责任公司电力安全工作规程

[13] Q/CSG431046—2014 中国南方电网有限责任公司设备状态评价及风险评估业务指导书

[14] Q/CSG210001—2018 中国南方电网有限责任公司职业健康管理办法

[15] Q/CSG430036—2014 中国南方电网有限责任公司安全文化评价管理业务指导书

[16] Q/CSG-EHV4SP001—2015 中国南方电网有限责任公司超高压输电公司作业风险评估与关键任务识别控制业务指导书

[17] Q/CSG-EHV2SP001—2018 中国南方电网有限责任公司超高压输电公司职业健康管理实施细则

[18] Q/CSG-EHV4SP013—2014 中国南方电网有限责任公司超高压输电公司安全生产风险管理体系管理评审业务指导书